Dieses Buch ist all denen gewidmet, die beim Einsatz
in der Luftrettung ihr Leben verloren haben.

PETER SCHROETER

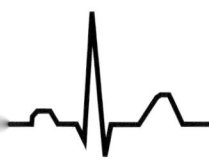

FARBATLAS DER DEUTSCHEN
LUFTRETTUNG

Peter Schroeter
Farbatlas der deutschen Luftrettung
(mit einem Beitrag von Stephan Dönitz)

© 2005

Layout / Druck / Gesamtherstellung: Wulff GmbH – Druck & Verlag, Dortmund
Umschlaggestaltung: Wulff GmbH / Sebastian Drolshagen
(Titelfoto: Edgar Lang, Christoph 2, www.rth-christoph2.de)

1. Auflage
ISBN 3-88090-105-8

www.luftrettung-dasbuch.de

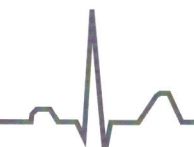

VORWORT

Das ungewöhnlichste und wohl technisch aufwendigste Fluggerät, der Hubschrauber, hat die Menschen seit seiner Erfindung in den Bann gezogen. Seine Komplexität, Vielseitigkeit und Manövrierfähigkeit hat ihn zu einem – schon seit Jahrzehnten nicht mehr wegzudenkenden – Arbeitsmittel der Luftfahrt gemacht.

Ein ganz besonders interessantes Aufgabenfeld ist sein Einsatz als Rettungshubschrauber. Er gilt als Inbegriff eines perfekt ausgerichteten Rettungssystems. Luftrettung fasziniert Insider aus den Rettungsdiensten, Luftfahrtbegeisterte und Laien gleichermaßen. Deutschland verfügt über ein mustergültiges Netz an Helikoptern, die speziell für den Einsatz im Rettungsdienst bereitgehalten werden. Der vorliegende Bildband eröffnet mit hunderten von hervorragenden Fotos exzellenter Fotografen einen umfangreichen, bislang in dieser Form nicht veröffentlichten Einblick in den Alltag der deutschen Luftretter. Er gibt Auskunft über die historische Entwicklung des bundesdeutschen Luftrettungssystems von den Anfängen bis hin zur heutigen Zeit und stellt den Arbeitsalltag der Luftretter vor. Die Ausbildung des Fachpersonals wird ebenso erläutert, wie die zur Anwendung kommenden Hubschraubertypen, fachmännisch „Muster" genannt. Technikfreunde erfahren Grundlagen über Antrieb, Drehmomentausgleich und Rotorkopfsysteme.

Wer sachliche Informationen zum Thema möchte, der wird viel Freude mit diesem Werk haben. Wer glaubt, hier Bilder voll leidgeprägter Szenen zu finden, der wird – bewusst – enttäuscht werden. Ganz gezielt wurde bei der Bildauswahl auf Material verzichtet, das Schwerstverwundete als „Eye-Catcher" präsentiert. Das Werk möchte nicht die Schaulust fördern, sondern die Idee der schnellen Hilfe aus den Wolken! Aus diesem Grund habe ich bei der Verlagswahl darauf geachtet, dass dieser bereit ist, aus den Erlösen des Buches einen Teil in die Förderung der Luftrettung zu investieren.

Viel Freude beim Lesen und Betrachten!

Peter Schroeter
87494 Rückholz, im August 2005

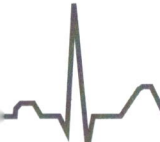

INHALTSVERZEICHNIS

Vorwort 7

Wie alles begann... . . . . **10**
Geschichtliche Entwicklung der Luftrettung 10
Inspirationen durch den ersten Weltkrieg 14
Die Geburtsstunde des Notarztdienstes 15
Innovative Ideen am Heidelberger Klinikum 18
Das Rheinland geht nach vorn – Notarztwagen für Köln 18
Kongresspremiere: Erstes Kolloquium Luftrettung in Bochum. 20

Mutige Initiativen **23**
Ein Jurist auf Abwegen. 23
Niedersächsische Unternehmerträume 23
Ansichten des Verteidigungsministeriums 27
Luftrettung in Hessen: Der Frankfurter „Brantly"-Test 27
Berufsfeuerwehr Frankfurt: Hessischer Versuch mit der Vertol H 21. . . .29
Erprobung der Luftrettung in Nürnberg 30
Mainz wird flügge – erprobung einer Alouette III für den Rettungsdienst .32
Alarm für „Kolibri": Luftrettungsversuche in der bayerischen Landeshauptstadt. 34
Erfahrungsaustausch – Analyse der Testversuche 37
Standard-Einsatzradiusvon 50 km: Christoph 11, Villingen-Schwenningen 39

Nach ersten Erfolgen geht es weiter: Die Modellprojekte . . **40**
Bayerische Trendsetter – Modellprojekt „Christoph 1" startet in München 40
Der erste Schock – Absturz im Landeanflug 42
Christoph 2 – Die größte finanzielle Krise der noch jungen Luftrettung 44
Bundesinnenministerium führt eigenes Modellprojekt durch – Alarm für „Christoph 3". . .46
Die Rolle der Bundeswehr – Das Testrettungszentrum Ulm 49
Standortbestimmung – Analyse der Modellprojekte 51

Die Luftrettung wird modern **54**
Staatliche Hilfen für die Luftrettung 54
Ländersache Rettungsdienst. 56
Die Rettungsmittel 58

Die Betreiber von Rettungshubschraubern **63**
Die Operator der stählernen Engel 63
Luftrettung in Trägerschaft des Bundesinnenministeriums: Die Rolle der
Zivilschutz-Hubschrauber 63
Luftrettung in Trägerschaft der DRF: Die Rettungs- und Intensivtransporthubschrauber
der Deutschen Rettungsflugwacht e.V. .68
Europäische Luftrettungsallianz: Das TEAM DRF 77
Die ARA-Flugrettungs GmbH: TEAM DRF Mitglied in Österreich. 77
Luftrettung in Trägerschaft des Allgemeinen Deutschen Automobil Clubs – Die ADAC
Luftrettung GmbH 79

Ein bayerischer Verein aktiv in Ostdeutschland: Luftrettung der
Internationalen Flugambulanz e.V. - IFA. 83
Dein Freund und Helfer: Polizeihubschrauber in der Luftrettung 86
SAR – Search and Rescue 88
NEF der Lüfte: Notarzteinsatzhubschrauber in Kessin 91
Aufbau der Luftrettung in den neuen Bundesländern 92

Die Technik des Hubschraubers **96**
Die Entwicklung der Drehflügler 96
Hubschraubertechnik. 101
Der Antrieb. 103
Das Rotorkopfsystem 104
Innovationen am Rotorkopf – der gelenk- und lagerlose Rotor 106
Der Heckrotor 110
Fenestron. 111
NOTAR 112

Die eingesetzten Muster der Luftrettung **114**
MBB / Eurocopter BO 105 114
BK 117 116
EC 135 118
EC 145 120
BELL 205 / UH-1D 123
BELL 412 HP 125
BELL 222 B 126
Agusta A 109 127
MD 900 Explorer 129
Hightech für die Crew 129
Ergonomische Konzepte. 131

Das Personal im Luftrettungsdienst **132**
Luftrettung ist Aufgabe von Profis .132
Die Piloten, Co-Piloten und Bordwarte 132
Die Rettungsassistenten 135
Die Notärzte. 142

Koordination Rettungsleitstelle und Hubschrauber **144**
Rettungsleitstelle 144
„Einsatz für den RTH!" Eine kleine Reportage 146

In der Luft gilt: Rettung ist Teamarbeit **149**
Primärluftrettung. 149
Sekundärluftrettung 151
Intensivtransporthubschrauber 155
Besatzung 155
Repatriierung mit Flugzeugen 157

Sicherheit wird groß geschrieben 158
Vorbereitung der Landeplätze 158
Die Anflugphase 158
Unterstützung durch den bodengebundenen Rettungsdienst 158
Sicher durch die Lüfte 161

Luftrettung bei Nacht 166
Bringt Licht ins Dunkel: Die BiV-Brille 169
Via Satellit durch die Nacht: Das Flight Planning Information System (FIPS) 170

Risiken minimieren, Standards verbessern – die JAR-OPS 3 171
Der Startvorgang 173
Der Landevorgang 174
Hubschraubermuster nach JAR 174

Wartung für die Rettungshubschrauber 182
Mobile Wartung vor Ort 182

Unfälle in der Luftrettung 186
Absturz Christoph 17, Kempten 186
Bodenunfall Christoph 19 186
Absturz ITH Berlin 186

Besondere Rettungsverfahren in der Luftrettung 190
Fixtauverfahren und Windenrettung 190
Wasserrettung mit Hubschraubern 195

Rettungsdienst im Rampenlicht 198
Ungewolltes Aufsehen 198

Die Zukunft des Luftrettungsdienstes 202
Die europäische Harmonisierung des Luftverkehrs: Die JAA 202
EUCREW – Ein Europäisches Zentrum für die Luftrettung 204
Die Zukunft heißt Europa: Grenzüberschreitende Luftrettung am Beispiel von
Christoph Europa 5 205

Übersicht über die Luftrettungszentren in der Bundesrepublik
Deutschland 207

Statistik 2003 der deutschen Luftrettung 208
Gesamtzahlen Deutschland 214
Ausland 215

10 goldene Regeln für den Umgang mit
Rettungshubschraubern 217

Danksagung 218

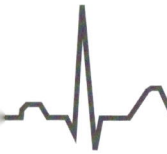

WIE ALLES BEGANN...

GESCHICHTLICHE ENTWICKLUNG DER LUFTRETTUNG

Das Nahen der olympischen Sommerspiele 1972 gab den Ausschlag, die bayerische Landeshauptstadt für die Premiere des Luftrettungsdienstes auszuwählen: Am 29. September 1970 übergab Bundesverkehrsminister Georg Leber im Englischen Garten in München dem Allgemeinen Deutschen Automobil Club (ADAC) den ersten Deutschen Rettungshubschrauber, eine BO 105 des Herstellers Messerschmitt-Bölkow-Blohm (MBB) mit der Registrierung „D-HILF". Die Bundesregierung, das Land Bayern und die Allianz Versicherungs-AG sorgten für die Finanzierung. Am 1. November begann damit am Krankenhaus München-Harlachingen offiziell die zivile Luftrettung in Deutschland.

Es war der Durchbruch für Rettungshubschrauber in Deutschland – und für den Helikopterhersteller MBB, dessen BO 105 zum erfolgreichsten Luftrettungsmittel der Welt wurde.

Kaum jemand hätte wohl ernsthaft geglaubt, dass dies der entscheidende Schritt zum Aufbau eines der weltweit besten und anerkanntesten Luftrettungssysteme sein würde. Kein anderer Bereich unseres heutigen Rettungswesens erfuhr eine technisch und logistisch derart rasante Weiterentwicklung wie die Luftrettung. Gerade in den ersten Jahren wurden bahnbrechende und bis heute zukunftsweisende Erfolge bei der Verbesserung der Versorgung von Notfallpatienten erzielt. An der Jahr für Jahr gesteigerten Überlebensrate vieler Schwerstverletzter und erkrankter Patienten ist der Einsatz eines effizienten Luft-

Zufälliges Treffen „gelber Engel"

Erfolgsmodell seit Jahrzehnten: Die BO 105 von MBB

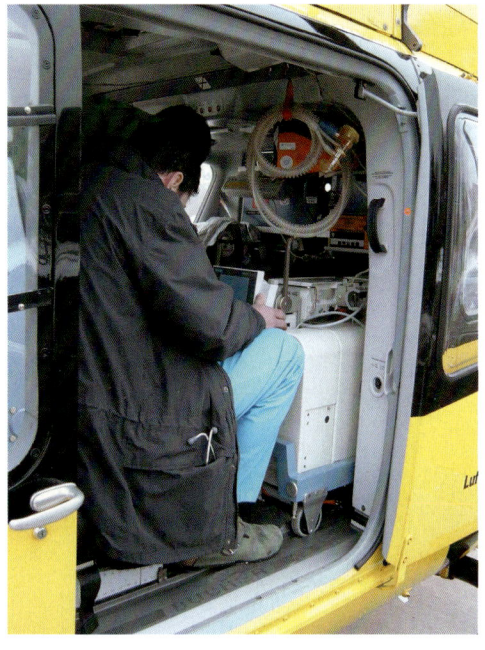

Typischer „Sekundäreinsatz": Ein Team des ADAC fliegt ein Frühgeborenes im Inkubator zu einem Perinatalzentrum.

rettungsmittels maßgeblich beteiligt. Mittlerweile sind 35 Jahre vergangen und der Rettungshubschrauber (RTH) ist aus der heutigen Notfallversorgung nicht mehr wegzudenken. Aber auch wenn die schnelle Hilfe aus der Luft heute selbstverständlich ist, darf man nicht vergessen, dass es sich hierbei nur um ein weiteres Glied in der Rettungskette handelt, dessen Weg sehr steinig war und dessen Etablierung geprägt wurde von Idealismus, Kampfgeist und Durchsetzungsvermögen.

Man unterscheidet die Rettungshubschrauber je nach Einsatzart und Verwendungszweck. Drehflügler, die direkt gemeinsam mit dem Rettungsdienst an der Erstversorgung des Patienten beteiligt sind, nennt man „Primärhubschrauber". Bereits klinisch vorversorgte Patienten, die aufgrund der Schwere ihrer Verletzung oder Erkrankung der medizinisch-technischen Ausstattung eines Rettungshubschraubers bedürfen, um auf dem Luftweg in eine Spezialklinik verlegt zu werden, werden mit so genannten „Sekundärhubschraubern" oder „Intensivtransporthubschraubern" (ITH) transportiert. Die erste ITH-Station weihte die Deutsche Rettungsflugwacht e.V. (DRF) im Juli 1985 in Baden-Baden ein. Ein Projekt, das die Behörden zunächst nicht unterstützten, da sie eine Konkurrenz zu den Primärhubschraubern fürchtete. Dennoch setzte sich diese Innovation der DRF durch.

Derzeit umfasst das Netz der Primärhubschrauber 59 Stationen, dazu kommen 18 Sekundärstationen, die gegebenenfalls zur Ergänzung auch sofort im primären Einsatzfall herangezogen werden können. Die Flächendeckung ist nahezu vollkommen, so dass mehr als 90% der Bevölkerung im Notfall schnell und optimal durch den Rettungshubschrauber versorgt werden können.

Wenn man sich näher mit der geschichtlichen Entwicklung der Luftretter auseinandersetzt, so wird man relativ rasch feststellen, dass die ersten Luftrettungseinsätze keinesfalls medizini-

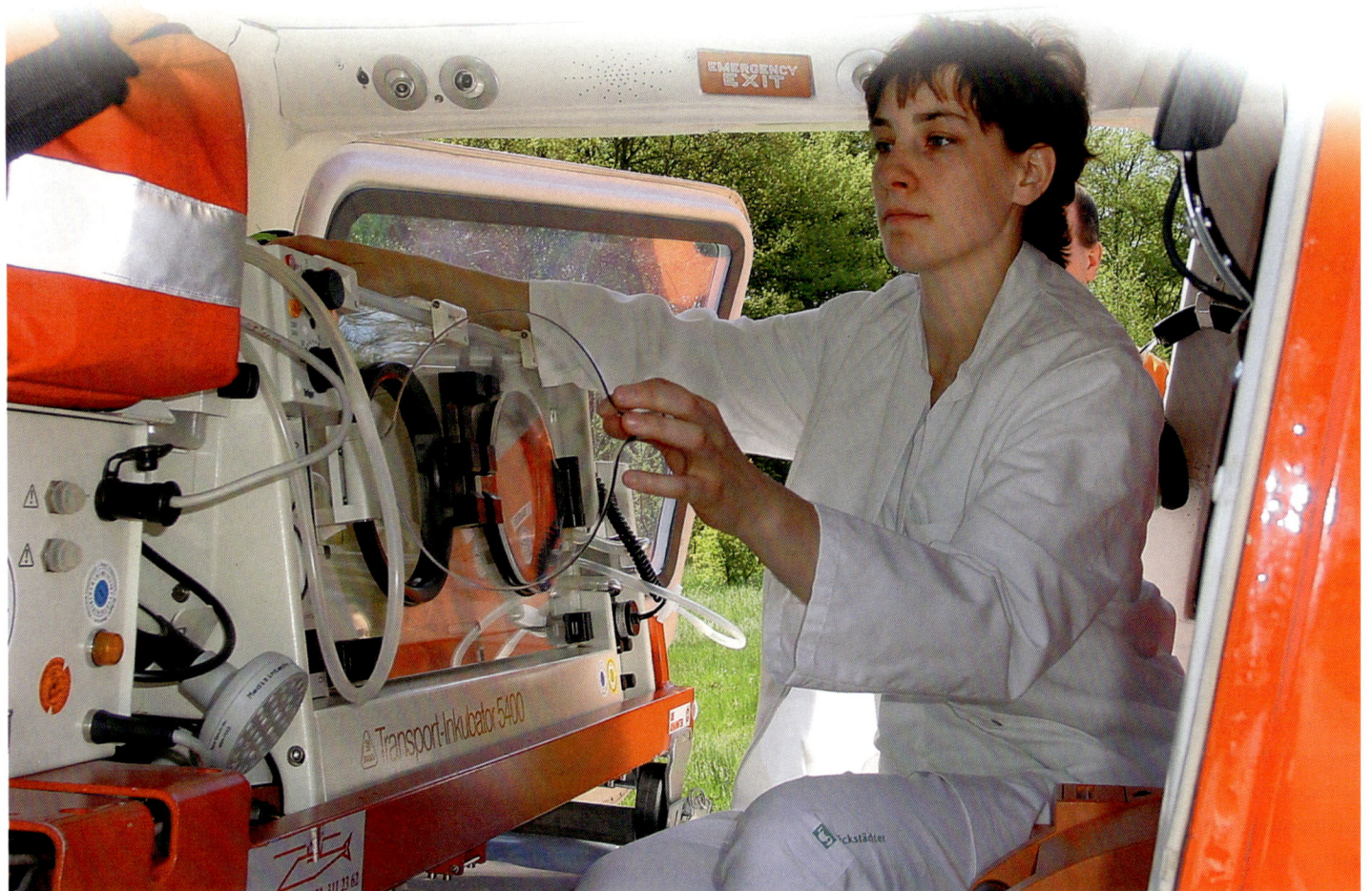

Gleich zwei Innovationen durch die „roten Engel": Die DRF etablierte Intensivtransporte mittels Hubschrauber im bundesdeutschen Gesundheitswesen und war maßgeblich an der Entwicklung des ersten Transport-Inkubators beteiligt.

sche Dienstleistungen unseres modernen Notfallrettungsdiens-
tes sind, sondern schon vor mehr als 130 Jahren stattgefunden
haben. Bereits 1870 begann die Rettung aus der Luft, als die
ersten Schwerkranken und Kriegsverwundeten mit Beobach-
tungsballons aus der belagerten und heftig umkämpften Stadt
Paris abtransportiert wurden. Deutsche Soldaten schlossen die
Hauptstadt Frankreichs wochenlang ein, eine Verbindung zur
Außenwelt konnte nur über den Luftweg mit einfachen Heißluft-
ballons aufrechterhalten werden. Durch diese Art der „Luftbrü-
cke", die im übrigen nur in der heißen Phase des Starts und
der Landung gefährdet war, gelang es den Franzosen nicht nur,
ihre Verwundeten auszufliegen, sondern auch wichtige Güter
oder Nachrichten aus der Metropole hinaus zu befördern. Die
am Boden befindlichen Streitkräfte konnten mit ihren Waffen
den Luftschiffen nichts entgegensetzen, so dass diese Einsätze
auch über einen längeren Zeitraum durchgeführt wurden. Wie
hoch die Anzahl der Verwundetentransporte wirklich war, lässt
sich heute nicht mehr genau ermitteln, allerdings kann man mit
Recht behaupten, dass der damalige Krieg die Menschen dazu
zwang, neue Wege der Krankenbeförderung einzuschlagen.

Vor Ausbruch des ersten Weltkrieges kam der niederländische
Arzt de Mooy auf die kuriose Idee, eine „schonende" Art des
Patiententransportes zu favorisieren; er wollte Pferde vor einen
Fesselballon spannen, die dann, durch einen Kutscher geführt,
die in den Gondeln unterhalb der Ballons gelagerten Patienten
ohne Erschütterungen zum Krankenhaus bringen sollten. Ob
das System tatsächlich jemals so zum Tragen gekommen ist, ist
leider nicht näher dokumentiert.

1913 waren es abermals die Franzosen, die die Idee hatten,
durch ein Sanitätsflugzeug aus der Luft eventuell verwunde-
te Soldaten auf dem Schachtfeld zu sichten und dann Bodentruppen zu entsenden, um den Verletzten zu transportieren.
Angetrieben von diesen Inspirationen kam 1914 ein britischer

Experten für Intensivverlegungen: Viele Hubschrauber aus dem TEAM DRF sind – wie diese Bell 412 HP von HDM – auf Intensivtransporte spezialisiert, können aber ebenso zur Primärrettung herangezogen werden („dual use").

Lieutenant, Colonel Donegan, auf die Idee, ein komplett ausgestattetes Notarztflugzeug, mit OP-Ausrüstung und Instrumentarium versehen, in die Lüfte zu erheben. Selbst ein Suchscheinwerfer sollte vorhanden sein, um auch in der Nacht nach Verwundeten Ausschau halten zu können. Donegans Plan sah vor, eine Unterteilung zwischen fliegerischer und medizinischer Crew vorzunehmen. Neben Pilot und Co-Pilot sollten ein Arzt und drei Pflegekräfte die Besatzung des Riesenfliegers stellen. Lieutenant Colonel Donegan übersah allerdings ein gewichtiges Problem: Zum einen hätten diese großen Lasten aus rein technischer Sicht her nur von Zeppelinen getragen werden können, zum anderen hätte kein Flugzeug zur Erstversorgung auf einem Schlachtfeld landen können. Donegans Vision scheiterte.

INSPIRATIONEN DURCH DEN ERSTEN WELTKRIEG

Mit Ausbruch des ersten Weltkrieges wurden erstmals Flugzeuge als Kriegsgerät eingesetzt. Die damaligen Feldherren erkannten, dass sich das Flugzeug optimal als Beobachtungsstation eignete, bevor es wenig später auch als Vernichtungswaffe entdeckt wurde, um daraus Bombenabwürfe durchzuführen und so die Kriegsführung zu präzisieren. Dass sich das Flugzeug auch als Rettungsmittel einsetzen ließ, erkannten die Verantwortlichen spät und eher zufällig. Dieser Zufall trug sich 1915 zu, als ein verletzter serbischer Pilot an der Balkanfront der schnellen medizinischen Hilfe bedurfte und kurzerhand in das Flugzeug eines Franzosen geladen wurde, der den verletzten Piloten auf dem Luftweg zur ärztlichen Behandlung überführte. Allerdings ist dieser Luftrettungseinsatz wenig aussagekräftig, da bei kriegerischen Auseinandersetzungen in Europa stets eine große Anzahl von Feldlazaretten bereit stand und ein weiterer Transport nur selten nötig erschien.

Ganz anders sah die Situation im Mittleren Osten aus, da die Truppen hier oft ohne jegliche Verbindung nach außen in der Wüste ausharren mussten und das Flugzeug die einzige Verbindungsmöglichkeit zu anderen Einheiten war. Einige Sanitätsoffiziere strengten immer wieder Überlegungen an, das Flugzeug auch zu medizinischen Zwecken einzusetzen. Eine solche medizinische Nutzung ist aus dem Jahr 1917 belegt, als ein berittener Soldat mit einer Verletzung des Sprunggelenkes in ein Lazarett geflogen wurde. Der zeitliche Vorteil seiner Versorgung war unumstritten – der Transport auf dem Landweg hätte gut und gerne drei volle Tage in Anspruch genommen. Mit dem Flugzeug erreichte der Patient nach schon 45 Minuten das Lazarett. Der Mittlere Osten stellte aufgrund seiner geografischen Lage und der damit verbundenen Problematik der Versorgung das Zentrum der jungen „Luftrettung" dar. Immer wieder kam es hier zur provisorischen Durchführung von Einsätzen, was später zum Umbau eines ägyptischen Trainingsflugzeuges, einer DH 6 führte. Dieses Flugzeug wurde mit einer Krankentrage ausgerüstet und so immer öfter auch als Sanitätsflugzeug eingesetzt.

Die DH 6 bot nicht nur in der Funktion eine Neuerung – die Maschine war auch das erste Flugzeug, das mit dem Neutralitätszeichen des Roten Kreuzes versehen war. Darüber hinaus verfügte es über sehr gutmütige Flugeigenschaften und war in seiner ursprünglichen Funktion als Trainingsmaschine jederzeit kurzfristig verfügbar, da es nicht in Kampfhandlungen einbezogen war. Vergleicht man den damaligen Verwendungszweck der Flugzeuge mit den Rettungshubschraubern des SAR-Dienstes oder den Zivilschutzhubschraubern unserer Tage, so erkennt man den Doppelnutzungs-Effekt auch heute wieder. Die Zivilschutzhubschrauber sollen für den Katastrophenfall als Beobachtungshubschrauber bereit stehen und werden in der „einsatzfreien" Zeit dem Rettungsdienst als RTH für eine rein zivile Verwendung zur Verfügung gestellt. SAR-Hubschrauber nehmen vor allem Transport- und Versorgungsaufgaben wahr, wenn sie nicht im Rahmen des SAR-Dienstes eingesetzt werden.

Doch zurück zur historischen Entwicklung: Während die Sanitätsflugzeuge überwiegend im Mittleren Osten zum Einsatz kamen, schuf 1921 die kanadische Regierung für ihre Kolonien ein regelrechtes Netzwerk von Flugrouten zur Kommunikation und für fliegerische Notfalleinsätze. Diese Notfalleinsätze waren jedoch nicht in erster Linie Patiententransporte, sondern vielmehr Versorgungsflüge zum Transport von wichtigen Medikamenten und Lebensmittelvorräten. Theoretisch war Anfang der zwanziger Jahre das Flugzeug als sanitätsdienstliches Hilfsmittel in einigen Ländern fest verankert, ein direkt ausgebautes System zur Luftrettung gab es allerdings nirgends. 1923 stellten dann die Franzosen während der Internationalen Rotkreuzkonferenz die Forderung auf, das Sanitätsflugwesen in die Genfer Kon-

SAR-Dienst: Bell UH-1D der Bundeswehr in Hamburg

ventionen aufzunehmen. Jedoch ohne Erfolg – es mussten noch einige Jahre vergehen, bevor die Zeit reif war für einen solchen Schritt. Die Wende zur Aufnahme des Sanitätsflugwesens kam 1929. Hier wurden nun im Artikel 19 die Sanitätsflugzeuge innerhalb der Genfer Konventionen erwähnt und unter den Schutz des Roten Kreuzes und des roten Halbmondes gestellt.

DIE GEBURTSSTUNDE DES NOTARZTDIENSTES

Es war der Heidelberger Chirurg Dr. Martin Kirschner, der im Jahr 1938 erstmals die Grundsätze der Notfallmedizin, an denen sich bis heute in organisatorischer Hinsicht nicht viel geändert hat, in der Fachzeitschrift „Der Chirurg" veröffentlichte:

„Theoretisch entspricht es unserem Ideal, dass der Arzt einen Schwerverletzten an der Unglücksstelle aufsucht, hier die wichtigsten ärztlichen Maßnahmen, wie die Diagnose, die Einrichtung und Festlegung von Knochenbrüchen und Verrenkungen usw. durchführt und den Verletzten an Ort und Stelle so lange betreut, bis der Kranke ohne Schwierigkeiten abtransportiert werden kann." Kirschners These war somit eindeutig: Im Notfall muss nicht der Patient zum Arzt, sondern der Arzt zum Patienten kommen.

Die Forderung nach dieser – aus ärztlicher Sicht – völlig neuen Handlungsweise, wurde von Dr. Kirschner auch entsprechend begründet: „Denn dem Verunglückten wird auf diese Weise die meist ungenügende oder von ungeübter Hand stattfindende Herrichtung zum Transport, sowie die oft schädliche, schmerzhafte und langwierige Verbringung an eine entfernte Behandlungsstelle erspart, und die Zeit zwischen der Verletzung und der Wundversorgung lässt sich

Eine umfassende Versorgung am Notfallort – wie hier durch die Feuerwehr Bessenbach und die Crew von Christoph 2 – ist heute Standard. In den 50er Jahren mochte an deren Erfolg allerdings noch niemand glauben.

„Der Arzt muss zum Patienten kommen…" – ob mitten in der Wohnsiedlung (links oben) oder auf der Landstraße (rechts oben).

meist beträchtlich herabsetzen, da der gesunde Arzt einfacher zum Kranken gelangen als der bewegungsbeschränkte Verletzte zum Arzt gebracht werden kann. Bisweilen schaden der Transport und die mit ihm verbundene Verzögerung der chirurgischen Hilfe dem Verletzten mehr, als die Verletzung selbst."

Zur völligen Verblüffung seiner ärztlichen Kollegen wiederholte Dr. Kirschner diese Ansicht auf der 62. Tagung der Deutschen Gesellschaft für Chirurgie noch einmal und erntete zunächst einmal den Spott seiner Kollegen – diese beharrten auf der zur damaligen Zeit festgefahrenen und anerkannten Meinung, dass ein schwerverletzter oder erkrankter Patient unverzüglich in das nächstgelegene Krankenhaus gebracht werden müsse. Eine präklinische Versorgung hielt man für reine Zeitvergeudung, die keinerlei Vorteile für den Patienten erkennen ließ. Die mit dieser Haltung verbundene Sterblichkeitsrate von rund 14% wurde als unveränderliches Faktum angesehen. An die Möglichkeit einer effizienten Reduzierung durch eine Vorversorgung am Notfallort glaubte niemand ernsthaft.

Durch den Ausbruch des Zweiten Weltkrieges geriet diese Forderung für lange Zeit in Vergessenheit, war man doch nun mit vielen anderen Dingen beschäftigt. An einen logistisch gut geführten Auf- und Ausbau eines Rettungsdienstes dachte man in den Kriegs- und anschließenden Wiederaufbaujahren nicht. Erst mit dem Jahr 1954 wandte sich der aus Heidelberg stammende Arzt Dr. Bauer auf der 71. Tagung der Deutschen Gesellschaft für Chirurgie erneut an seine Kollegen und erinnerte an die längst in Vergessenheit geratene Forderung Dr. Kirschners. Auch Bauer forderte nun die ärztliche Primärversorgung und Überwachung der Notfallpatienten auf dem Weg in das nächstgelegene Hospital.

INNOVATIVE IDEEN AM HEIDELBERGER KLINIKUM

Obwohl auch Jahre nach Kirschners Wunsch die Ärzteschaft nicht an eine gezielte Verbesserung des Patientenzustandes durch präklinische Versorgung glaubte, setzte Dr. Bauer seine Forderung konsequent um. Bauer baute einen großen Mercedes-Omnibus zu einem mobilen Operationssaal aus, dessen Stromversorgung durch ein externes, auf einem Anhänger mitgeführtes Stromaggregat sichergestellt wurde. Das so genannte „Klinomobil" nahm 1957 seinen Dienst auf, die Besatzung wurde durch das Universitätsklinikum Heidelberg gestellt und bestand aus Ärzten und Pflegepersonal der chirurgischen Abteilung. Obwohl die damalige Verkehrssituation bei weitem nicht so angespannt war wie heute, erwies sich der Einsatz des Busses als unpraktikabel, da dieser in Mobilität und Wendigkeit zu schwerfällig war. Ferner erkannten die Heidelberger Retter, dass die chirurgische Versorgung der Patienten nicht immer vordergründig war – vielmehr mussten sie feststellen, dass sie ihre Aufmerksamkeit mehr und mehr auf die Aufrechterhaltung und Wiederherstellung der lebenswichtigen Herz-Kreislauffunktionen richten mussten.

DAS RHEINLAND GEHT NACH VORN – NOTARZTWAGEN FÜR KÖLN

Auch in der Universitätsstadt Köln wurden neue Wege in der damals noch jungen Geschichte des Rettungswesens beschritten. Die Kölner Feuerwehr setzte bereits vor 1957 bei größeren Bränden und Unglücken einen Arzt an der Unfallstelle ab, der zuvor von der Feuerwehr am Krankenhaus abgeholt wurde. 1957 stellte die Rheinmetropole den ersten direkten Notarztwagen, kurz NAW, der Bundesrepublik in den Dienst. Das Wirtschafts- und Verkehrsministerium des Landes NRW, die Ford-Werken

Köln und der HUK-Verband unterstützte diesen Modellversuch finanziell. Der Ambulanzfahrzeughersteller Miesen aus Bonn rüstete einen Ford-LKW mit einem Kofferausbau aus. Obwohl das Einsatzspektrum sich nicht von dem des Dr. Bauer unterschied, waren die Ergebnisse des Versuchs in der Domstadt fruchtbarer. Der entscheidende Vorteil lag in der Wendigkeit und Schnelligkeit des Kölner Fahrzeuges, da dieses durch die geringeren

Außenabmessungen wesentlich beweglicher und unabhängiger war, als das Heidelberger Klinomobil. Immer mehr Großstädte rüsteten, angetrieben durch die positiven Testergebnisse aus dem Rheinland, nach dem gleichen Vorbild Notarztwagen aus, so dass man hier von einer echten Weiterentwicklung der Notfallrettung sprechen konnte.

Obwohl die verbesserten technischen und logistischen Umstände zur Durchführung des Rettungsdienstes nun deutlich positive Ergebnisse erzielten, wurde erst in den siebziger Jahren über eine gezieltere Neustrukturierung des Rettungsdienstes diskutiert. Die damaligen Notfallmediziner vertraten schon in frühen Jahren die feste Meinung, dass sich der Ausbau der Rettungskette vor allem auf die Ausbildung des medizinischen Hilfspersonals sowie die Schulung von Laienhelfern in „Erster Hilfe" ausweiten sollte. Ebenso wurde die qualifizierte klinische Versorgung durch Zuhilfenahme der Testergebnisse wissenschaftlich verbessert und die Sterblichkeitsrate so erstmals nachweislich verringert.

Inwieweit ein Patient mit lebensbedrohlichem Gesundheitszustand erfolgreich versorgt werden konnte, hing schon damals vor allem mit dem Faktor „Zeit" zusammen. Durch das immer stärker werdende Verkehrsaufkommen erreichten auch die Rettungsmittel den Notfallort immer häufiger nur unter erheblichen Zeitverzögerungen – für den Patienten kam die Hilfe dadurch oft zu spät. Die erste Veröffentlichung einer

realistischen Berechnung zur Sterblichkeitsrate akuter Notfallpatienten stammt von einem Mitarbeiter Dr. Bauers, dem Arzt Dr. Gögler, der damals kalkulierte, dass rund 200.000 Menschen, die an den Folgen von Unfällen oder Erkrankungen verstarben, hätten gerettet werden können, wenn der Rettungsdienst in adäquater Zeit den Notfallort erreicht hätte. Aufgrund dieser Studie setzte man sich schon im letzten Drittel der fünfziger Jahre mit der Überlegung auseinander, in wie weit der Einsatz von Hubschraubern im Rettungsdienst sinnvoll sei, da diese unabhängig von der Verkehrssituation operieren könnten, eine Landung fast überall möglich sei und so der Arzt schnellstens zum Patienten gelange.

KONGRESSPREMIERE: ERSTES KOLLOQUIUM LUFTRETTUNG IN BOCHUM

Das erste deutsche Kolloquium für den Luftrettungsdienst fand 1960 in der Bochum statt. Der Deutsche Forschungsring für Verkehrsmedizin beschäftigte sich mit dem Thema Luftrettung erstmals wissenschaftlich und zwar unter dem Vorsitz von Prof. Müller de la Camp. Verkehrsexperten und Notfallmediziner werteten gemeinsam die bis dahin gewonnenen Erfahrungen der Luftrettung aus und diskutierten über die Ergebnisse der Vorversuche, die Fachleute zum Teil auch im Ausland mit dem Einsatz von Hubschraubern bei der Menschenrettung erzielten. Die Experten des ersten Kolloquiums plädierten am Ende ihrer Beratungen einheitlich für den Einsatz von Hubschraubern im Rettungsdienst und stellten dabei folgende Forderungen auf:

- Der Hubschrauber ist für den verletzten und kranken Menschen einzusetzen
- Die Möglichkeiten, Notwendigkeiten und Grenzen des Luftrettungswesens sind für unseren Lebensraum durch Forschung und Erfahrungsaustausch zu erarbeiten
- Durch Planung und Bau von Hubschrauberlandeplätzen an Krankenhäusern sind die Voraussetzungen für den Hubschraubereinsatz zu sichern
- Die Koordinierung des Hubschraubereinsatzes sowie die Finanzierung sind durch den Bund, die Länder und andere Kostenträger vorzunehmen

Obwohl Experten das Thema „Hubschrauber im Rettungsdienst" kontrovers diskutierten, vermied man eine öffentliche Auseinandersetzung mit der breiten Masse der Bevölkerung, was zur Folge hatte, dass die aufgestellten Forderungen nicht umgesetzt wurden. Daran war nicht nur die Frage der Finanzierung Schuld, sondern auch der Widerstand aus den Reihen der Mediziner. Ihr Misstrauen war zu groß um den entscheidenden Schritt in Richtung organisierte Luftrettung zu wagen. Erschwerend zu diesen Widerständen kam das Fehlen wissenschaftlichen Ergebnisse im Hinblick auf die Frage, in wie weit sich der Lufttransport negativ auf den ohnehin schon physisch schwer belasteten Patienten auswirken würde.

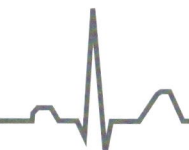

MUTIGE INITIATIVEN

EIN JURIST AUF ABWEGEN

Der Wiesbadener Rechtsanwalt Dr. Dr. Bredtfeldt gründete 1958 die Deutsche Rettungsflugwacht e.V. Die DRF des Dr. Dr. Bredtfeldt – die im Übrigen nichts mit der heutigen in Filderstadt ansässigen Deutschen Rettungsflugwacht e.V. zu tun hat – hatte jedoch keinen Erfolg. Die Bretdfelsche DRF löste sich rasch wieder auf.

Im Sommer 1960 hatte Bredtfelds Organisation einen Rettungshubschrauber gechartert, der keinen einzigen Einsatz flog. Die Gründe für das Ausbleiben der Einsätze gab Bredtfeldt in einer eigenen Zeitschrift, dem „Informationsdienst für Presse, Mitarbeiter und Freunde" bekannt. „Die praktische Arbeit der DRF hat gezeigt, dass – wohl erstaunlich und verwunderlich für manchen Außenstehenden – der Weg zum deutschen zivilen Luftrettungsdienst lang, schwer und dornenvoll ist. Hier muss noch sehr viel Aufklärungsarbeit geleistet werden, manches Vorurteil fallen. Immerhin zeigen sich zunehmende Anzeichen wachsenden Verständnisses." So kam es damals nicht zum Aufbau eines gezielten Luftrettungsdienstes, lediglich die Hubschrauber der Bundeswehr, Polizei oder des Bundesgrenzschutzes wurden gelegentlich zur Mithilfe im Rettungsdienst herangezogen. Ihre Aufgabe beschränkte sich jedoch überwiegend auf die Verlegung von Patienten in Großkrankenhäuser.

Wichtige Impulse für den Aufbau der Luftrettung in Europa kamen von der schweizerischen Rettungsflugwacht SRFN, der heutigen REGA. Die SRFN setzte seit 1952 Ärzte mit Fallschirmen im Hochgebirge zur Notfallversorgung ab. Ihre „Gletscherpiloten" erlangten Weltruhm. Seit 1969 setzte die SRFN die ersten Rettungshubschrauber ein.

Der erste planmäßige Einsatz von Rettungshubschraubern In Deutschland wurde an den Pfingsttagen des Jahres 1960 organisiert, da man hier wegen des ansteigenden Reiseverkehrs mit einer erhöhten Anzahl von Unfallopfern rechnete. Zwischen Hannover und Hamburg stationierte die Bundeswehr zum Zwecke der schnellen Erstversorgung an vier Punkten je einen Hubschrauber, sechs in der Nähe liegende Kliniken bereiteten provisorische Landeplätze vor.

NIEDERSÄCHSISCHE UNTERNEHMERTRÄUME

Zwischen 1962 und 1964 versuchten sich drei Männer in Niedersachsen erneut am Aufbau eines Luftrettungsnetzes. Als 1962

Hilfe per Helikopter nur mit einer Plakette an der – lädier-
ten – Windschutzscheibe? Diese über 40 Jahre alte Idee des
„Munke-Kran-Rettungskorps" scheiterte: Inzwischen kommt
Luftrettung jedem zugute, in diesem Fall durch eine Maschine
des Bundesinnenministeriums

die Hannover-Messe eröffnet wurde, war es der Wunsch des Dr. Tailleur durch den Einsatz zweier Hubschrauber eine bessere Versorgung möglicher Unfallopfer zu erreichen. Die beiden Maschinen wurden für dieses Projekt vom Fluganbieter Südaviation kostenlos zur Verfügung gestellt und kamen während des Versuchs zweimal zum Einsatz. Dabei handelte es sich um zwei Helikopter des französischen Herstellers „Alouette".

Ein weiterer Initiator eines privat organisierten Luftrettungsdienstes war der Hannoveraner Abschleppunternehmer Klaus Munke. Munke gründete 1963 das „Munke-Kran-Rettungskorps", dessen Finanzierungsidee auf den Verkauf von Plaketten zurückging. Seinen Berechnungen zufolge war er der Überzeugung, durch einen Beitrag von 5,– DM pro Jahr einen PKW mit bis zu fünf Unfallopfern kostenlos mit schneller notärztlicher Hilfe aus der Luft versorgen zu können. Voraussetzung war natürlich, dass das Unfallfahrzeug eben mit einer solchen Plakette versehen war. Munke plante, dieses System flächendeckend in der Bundesrepublik mit bis zu 90 Hubschraubern anzubieten, doch sein Vorhaben scheiterte. Man kaufte lediglich einen einzigen Hubschrauber, der überdies nie in der Luftrettung zum Einsatz kam.

Wiederum war es die mit einem alljährlich zunehmenden Verkehrschaos behaftete Hannover-Messe, die 1964 Heinz Schwenke veranlasste, mit Hilfe der Firma Südaviation einen erneuten Versuch zur Einführung eines Luftrettungsdienstes zu unternehmen, ähnlich wie es zwei Jahre zuvor Dr. Tailleur bereits mit minderem Erfolg versucht hatte. Schwenke konnte diesmal zur Messezeit die Alouette-Maschinen mehrmals wirksam einsetzen und entwickelte darüber hinaus gemeinsam mit dem Sozialministerium des Landes Niedersachsen ein Modell zum Aufbau eines flächendeckenden Luftrettungsnetzes in der Bundesrepublik. Leider schlug auch dieser Versuch zur Gründung der organisierten Luftrettung fehl, so dass erst wieder einige Jahre ohne nennenswerte Fortschritte vergehen mussten. Zwar kamen die Hubschrauber der Bundeswehr und des Bundesgrenzschutzes immer mal wieder zu mehr oder weniger zufälligen Einsätzen, wenn es um die Verlegung von Patienten oder den Einsatz in der Bergrettung ging; eine genaue wissenschaftliche Betrachtung und Analyse der abgeleisteten Einsätze blieb jedoch aus.

SAR-Hubschrauber im Primäreinsatz bei einem schweren Verkehrsunfall: Ein Auto ist in einen Fluss gestürzt

ANSICHTEN DES VERTEIDIGUNGS-
MINISTERIUMS

Durch die Unterzeichnung des Chicagoer Abkommens und der damit verbundenen Mitgliedschaft in der International Civil Aviation Organisation (ICAO), der Internationalen zivilen Luftfahrtorganisation, kam es zum Aufbau des Such- und Rettungsdienstes der Bundeswehr (SAR-Dienst), woraus resultierte, dass immer mehr Kliniken Landeplätze oder zumindest behelfsmäßige Landeareale für Hubschrauber einrichteten. Der Bundesminister für Verteidigung teilte 1965 in der 196. Sitzung des 4. Bundestages den Parlamentariern mit, dass die Bundeswehr in naher Zukunft den Aufbau mehrerer Sanitätshubschrauberstaffeln plane, wobei die dort eingesetzten Hubschrauber nicht nur militärischen Rettungszwecken vorbehalten seien, sondern auch im zivilen Rettungsdienst zum Einsatz gelangen sollten. Obwohl hiermit ein großer Schritt hätte getan werden können, stießen diese Pläne auf Ablehnung und zu einer konkreten Umsetzung kam es nie.

Immer wieder krankte die Realisierung am Fehlen wissenschaftlicher Ergebnisse. Die damals führenden Experten der Notfallmedizin, die bislang durch die Einführung von Notarztwagen das Gesamtsystem bereits deutlich verbessert hatten, standen dem Helikopter äußerst ablehnend gegenüber. Gerade in Bezug auf den primären Einsatzzweck hielten sie den Einsatz von Hubschraubern für absolut undenkbar. „Patienten im Hubschrauber zu transportieren bedeutet, sie dem Lärm einer Kesselschmiede auszusetzen." Diese Aussage stammt von Dr. Gögler, der wie zuvor beschrieben bereits vorher an der Umsetzung des Heidelberger Klinomobils maßgeblich beteiligt war. Diese Expertenaussagen ließen für die 8. Verkehrssicherheitskonferenz von Bund und Ländern am 24. Juni 1965 letztlich nur ein Resümee zu: „Die Bereitstellung von Hubschraubern speziell für den Unfallrettungsdienst kann zu Zeit nicht empfohlen werden."

LUFTRETTUNG IN HESSEN: DER FRANKFURTER „BRANTLY"-TEST

Knapp zwei Jahre später, 1967, organisierte der aus Obermörlen stammende praktische Arzt Dr. Feder einen gemeinsamen Versuch mit der Gauverwaltung des ADAC Hessen, der Deutschen Krankenversicherungs-AG und dem Verband der Lebensversicherungsunternehmen, einen Hubschrauber des Typs Brantly für den Luftrettungsdienst einzusetzen. Dr. Feder beschränkte sich nicht auf die Zusammenarbeit mit den gerade aufgelisteten Einrichtungen, sondern band auch alle anderen am hessischen Rettungsdienst beteiligten Organisationen in diesen Versuch mit ein. Durch diese Kooperation gelang erstmals der Aufbau einer taktisch sinnvollen Logistik, um den Hubschrauber erfolgreich zum Einsatz zu bringen. Der kleine Brantly wurde auf dem Flugplatz in Anspach stationiert, die Alarmierung im Einsatzfall erfolgte mittels Polizeifunk. Ein bereitgestellter Krankenwagen diente als bewegliche Bodenfunkstelle. Feder führte über die Einsätze eine genaue Statistik.

Die Brantly bei einer öffentlichen Vorstellung in Frankfurt am Main

Er kam mit seinem Hubschrauber zwischen dem 11. August und dem 1. September 1967 genau 52-mal zum Einsatz, wobei er bei 28 Einsätzen den Einsatz des Hubschraubers als dringend indiziert ansah. Bei zwölf Einsätzen erkannte Feder einen Fehlalarm, weitere 10 Einsätze listete er auf, bei denen keinerlei ärztliche Versorgung an der Einsatzstelle vonnöten war. Feders Hubschrauber war allerdings aufgrund der geringen Ausmaße auch nicht für den Patiententransport geeignet, sondern diente lediglich als schneller Notarztzubringer. Der Patient wurde also nach erfolgter Behandlung Dr. Feders in die Obhut des bodengebundenen Rettungsdienstes übergeben, der die weiteren Maßnahmen und den Transport ins nächstgelegene Krankenhaus verantwortete. Bei seinen Aufzeichnungen führte der Mediziner auch eine zeitliche Statistik: So erreichte der Helikopter durchschnittlich 11 Minuten nach Auftragserteilung die Einsatzstelle, die im Mittel rund 22 Kilometer vom Flugplatz entfernt lag. Da Dr. Feder innerhalb seines Versuchs bei akut lebensbedrohlichen Situationen schwere Schäden für den Patienten abwenden konnte, sah er den gezielten Einsatz von Hubschraubern als durchaus gerechtfertigt und sinnvoll an.

BERUFSFEUERWEHR FRANKFURT: HESSISCHER VERSUCH MIT DER VERTOL H 21

Dr. Feder motivierte mit seinen positiven Erfahrungen die Berufsgenossenschaftliche Unfallklinik in Frankfurt zur Indienststellung eines Hubschraubers zum Zweck eines weiteren Testversuches. Frankfurt verfügte bereits über einen organisierten Notarztdienst, welcher durch die dortige Berufsfeuerwehr sichergestellt wurde. Hier war man durchaus in der Lage, im innerstädtischen Bereich relativ zügige Hilfe anbieten zu können. Außerhalb der Stadt und auf den umgebenden Autobahnnetzen sah man sich jedoch schon damals mit einer langen Reaktionszeit konfrontiert. Auch das mit dem Transport in bodengebundenen Rettungsfahrzeugen verbundene Transporttrauma wurde in Frankfurt durch den damaligen Medizinaldirektor Dr. Kunze bereits angeführt. Rasch erkannte er, dass der gesamte zeitliche Vorteil des Hubschraubers verloren ginge, wenn dieser nicht in der Lage sei, einen Schwerverletzten auch auf dem Luftweg in das Klinikum zu überführen. Dabei richtete er sein Augenmerk zunehmend darauf aus, dass ein Patient nicht in irgendein Krankenhaus, sondern vielmehr in das für das Verletzungsmuster des Patienten angemessene Klinikum zu fliegen sei. Der begleitende Notarzt müsse darüber hinaus ausreichend Platz für die notwendige Ausrüstung haben und es müsse die Möglichkeit zur Durchführung erweiterter Maßnahmen auch während des Fluges gegeben sein. Alle Beteiligten wurden zur Realisierung einer Infrastruktur für dieses Projekt zu Rate gezogen.

Man entschied sich für die Indienststellung einer Vertol H 21 der Bundeswehr, die wegen ihres Tandemrotors und ihrer cha-

Ein Bundeswehrhubschrauber als RTH: Vertol H21, Frankfurt

rakteristischen Form auch als „Bananenhubschrauber" bekannt ist. Der Hubschrauber wurde von zwei Piloten des Heeres geflogen, weitere Besatzungsmitglieder waren ein Bordmechaniker, zwei Sanitäter, ein Arzt sowie ein Einsatzleiter der Berufsfeuerwehr. Dieser konnte das mitgeführte Rettungsgerät zur Befreiung eingeklemmter Personen (Karosserieschneider und Brechwerkzeug) bedienen. Die medizinische Ausrüstung der Vertol H 21 war identisch mit der des Frankfurter Notarztwagens. Dank der besonderen Größe des eingesetzten Hubschraubers konnten mit der Maschine bis zu acht Verletzte, vier sitzend und vier liegend, transportiert werden. Die Berufsfeuerwehr Frankfurt stellte ihren Kommandobus in unmittelbarer Nähe des Landeplatzes auf und übernahm so die Funktion einer mobilen Leitstelle für Luftrettungseinsätze. Damit war eine ständige Verbindung mit den beteiligten Organisationen möglich, da der Bus in Funkkontakt zwischen der hessischen Polizei, der Leitstelle für Krankentransporte und der Leitstelle der Feuerwehr Frankfurt stand. Die Alarmierung der Besatzung erfolgte entweder durch das Krankenhaus oder mittels Rufanlage des

Kommandobusses. Die damaligen Verantwortlichen bewerteten den Versuch durchweg positiv. Der damalige Oberbranddirektor Dipl.-Ing. Franz Achilles:

„Expander-Infusionen und andere lebensrettende Maßnahmen konnten durch den Arzt mit Unterstützung der Feuerwehrbeamten während des Fluges einwandfrei durchgeführt werden, da keine nennenswerten Erschütterungen auftraten. Alle Verletzten überstanden diesen schonenden Transport in guter Verfassung."

Darüber hinaus kam Achilles zu dem Ergebnis, dass die Landung immer in unmittelbarer Nähe der Unfallstelle erfolgte und keinerlei Gefährdung für andere Verkehrsteilnehmer bestand. Nach dieser Bewertung stand für die Verantwortlichen fest, dass eine generelle Einführung des Luftrettungsdienstes nicht mehr lange auf sich warten lassen sollte. Achilles schlug in seinem Konzept eine finanzielle Beteiligung des Bundes im Rahmen des erweiterten Katastrophenschutzes sowie die Stationierung von Hubschraubern bei den ansässigen Berufsfeuerwehren vor.

Auch der zuständige Medizinaldirektor Dr. Kunze zog eine durchweg positive Bilanz des Frankfurter Tests. Kunze, der den Versuch aus medizinischer Sicht beurteilte, verwies darauf, dass bei der künftigen Gestaltung von Hubschraubern für den Luftrettungsdienst die Innenabmessungen der bewährten Notarztwagen zum Tragen kommen müssten, um den Patienten von allen Seiten ausreichend und somit adäquat versorgen zu können.

ERPROBUNG DER LUFTRETTUNG IN NÜRNBERG

Die Frankfurter Ergebnisse und die des Dr. Feder blieben nicht unbeachtet, sondern zogen Kreise. Das Bayerische Rote Kreuz mit den Bezirksverbänden Ober- und Mittelfranken setzte mit Unterstützung des Bundesverkehrsministeriums von Mitte Juli bis Mitte August 1968 einen Hubschrauber vom Typ Bell Super Ranger als Rettungshubschrauber ein und stationierte diesen

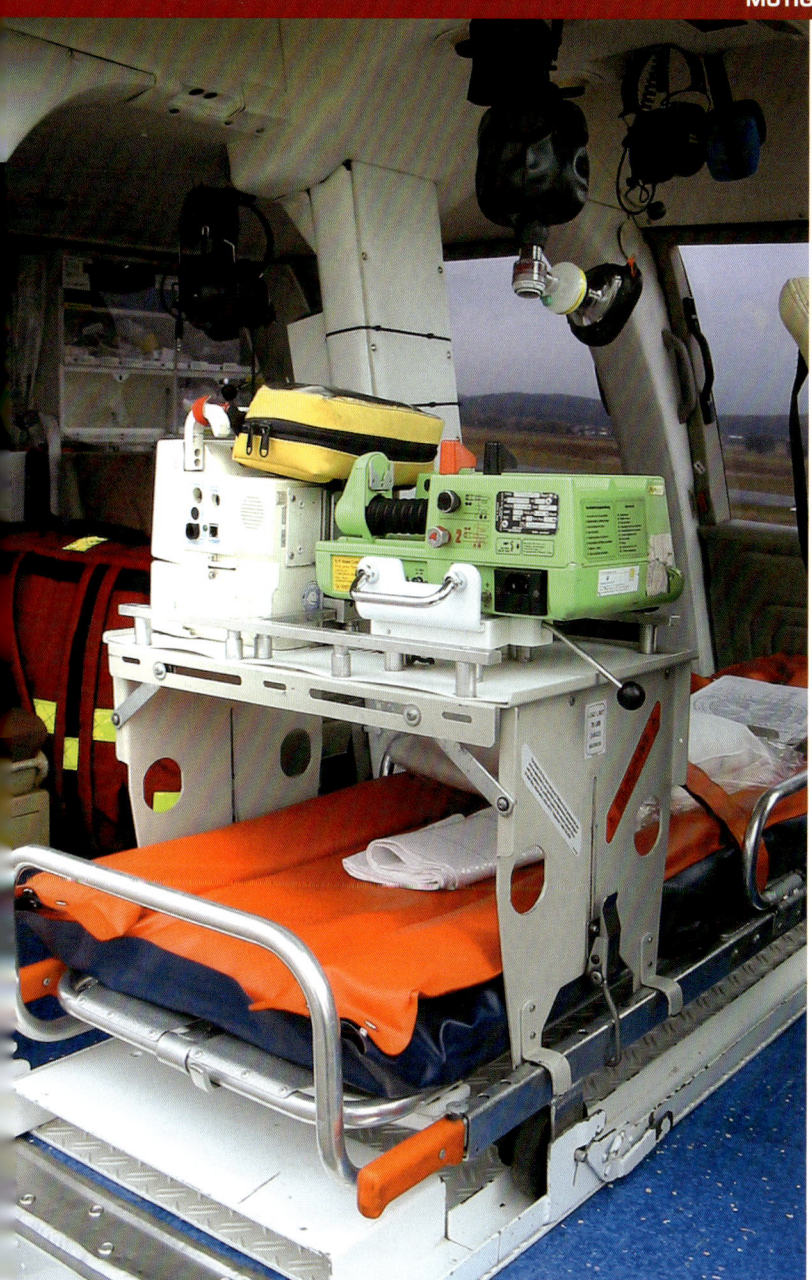

Selbst mit Sonderanfertigungen wie diesem Spezialtisch bleibt der Raum in einem Hubschrauber noch immer stark begrenzt

auf dem Flughafen in Nürnberg. Um den Hubschrauber für Rettungsflüge nutzen zu können, unterstützte die Schweizerische Rettungsflugwacht dessen Umrüstung, so dass ein liegender Transport mit einer Krankentrage möglich war. Nun wurde auch eine Crew zusammengestellt, die bis heute ihre Aufgaben nahezu beibehalten hat. Die Besatzung bestand aus einem Piloten, einem Rettungssanitäter und einem Notarzt. Der Rettungssanitäter übernahm die unterstützenden Aufgaben der Navigation und die Durchführung des Sprechfunkverkehrs.

Der Nürnberger Super Ranger kam in der Versuchszeit 22 Mal zum Einsatz, allerdings konnten nur 18 Einsatzanforderungen auch tatsächlich bedient werden. Zwei Einsätze mussten aufgrund widriger Witterungsverhältnisse, ein weiterer wegen einsetzender Dunkelheit abgebrochen werden, da das Sicherheitsrisiko ansonsten zu groß gewesen wäre. Die letzte Einsatzanforderung überschnitt sich mit einem Einsatz, da der Hubschrauber bereits zu einem Rettungsflug unterwegs war. Die Crew des Nürnberger Hubschraubers flog in der Gesamtzeit des Versuchs lediglich zwei Patienten ins Zielkrankenhaus, in allen anderen Fällen übernahm der Bodenrettungsdienst den Transport zur aufnehmenden Klinik. Obwohl im Rahmen der Testphase mit allen Entscheidungsträgern im Vorfeld ausreichend über die anschließend geplante Auswertung des Projektes gesprochen wurde, sind fünf Patienten noch vor der Landung des Helikopters abtransportiert worden, was die Ergebnisse der Auswertung schmälerte.

Die durchführenden Bezirksverbände des Bayerischen Roten Kreuzes zogen für die Nürnberger Versuchsphase nur eine nüchterne Bilanz:

„Ein künftiger Einsatz von Rettungshubschraubern könnte in einem begrenzten Umfang dazu beitragen, den bodenständigen Rettungsdienst zu verbessern. In erster Linie wäre die Kombination schneller Lufttransport des Arztes zum Verletzten, ärztliche

gen Aspekt: die Finanzierung. Sie kalkulierten den Betrag von damals rund 1000,– DM pro Einsatz und kamen zu dem Ergebnis, dass die unklare Kostenfrage und die fragliche Kostenübernahme durch Dritte den Ausbau eines flächendeckenden Luftrettungsnetzes behindern würden.

MAINZ WIRD FLÜGGE – ERPROBUNG EINER ALOUETTE III FÜR DEN RETTUNGSDIENST

Die Testreihe zur Einführung eines luftgestützten Rettungsdienstes wurde vom 6. August bis 22. September 1968 in Mainz fortgeführt. Ziel war, die Tauglichkeit und praktikable Einsetzbarkeit von Hubschraubern in dicht besiedelten Gebieten zu erproben. Die Mainzer Alouette hatte als erster Hubschrauber die Möglichkeit, die Vitalfunktionen der Notfallpatienten über ein elektronisches Monitoring zu beobachten, da die Notärzte schnell erkannten, dass mit den üblichen Methoden eine kontinuierliche Überwachung des Patienten nicht möglich war. Die Geräuschentwicklung in der Maschine war schlichtweg zu hoch um dieses zu gewährleisten. Des Weiteren wurde hier erstmals eine Vakuummatratze als Lagerungshilfe eingesetzt, die den Patienten im koordinierten Kurvenflug stabilisieren sollte. Das Personal für den Hubschrauber kam von der Johannes-Gutenberg-Universitätsklinik, die unter Federführung von Prof. Dr. Rudolf Frey einen erfahrenen Arzt der Anästhesieabteilung zur Verfügung stellte, der Sanitäter wurde vom Deutschen Roten Kreuz der Rettungswache in Mainz für den Flugdienst eingeteilt.

Anders als bei den vorangegangenen Versuchen fehlte hier die Koordination durch eine zentrale Einsatzleitung, so dass häufig erhebliche Meldewege und längere Zeitverzögerungen bis zum endgültigen Einsatz entstanden. Die Mainzer Versuchsreihe unterschied sich aber in einem weiteren Aspekt erheblich von den anderen Versuchen: Durch eine intensive Öffentlich-

Sofortmaßnahmen am Unfallort und Abtransport des Verletzten im Rettungswagen in ärztlicher Begleitung ein Fortschritt. Die Verwendung von Hubschraubern als Transportmittel für Verletzte würde vorerst keine Verbesserung bringen. Ein Zeitgewinn ist nur in weniger dicht besiedelten und gebirgigen Gegenden mit größeren Entfernungen zwischen geeigneten Krankenhäusern zu erreichen. Die Forderung der Notfallmedizin, die Hilfsmaßnahmen für Schwerverletzte während des Transportes fortzusetzen, kann in den kleineren Hubschraubertypen nicht oder nur unzureichend erfüllt werden. Ein weiteres Problem des Hubschraubereinsatzes ist seine beschränkte Einsatzfähigkeit in der Dunkelheit und aufgrund wechselnder Witterungsbedingungen."

Ferner stellten die Verantwortlichen des Nürnberger Projektes fest, dass ein Hubschrauber allenfalls als ergänzendes und nicht als alternatives Rettungsmittel zum Einsatz kommen könnte. Die Nürnberger betrachteten aber auch einen weiteren wichti-

Einsatzgebiet Ballungsraum (oben und linke Seite): Frankfurt am Main aus der Perspektive des Helikopters

keitsarbeit wurde die Bevölkerung von dem Versuch in Kenntnis gesetzt, was zur Folge hatte, dass der Hubschrauber erstmals auch zu internistischen Notfällen gerufen wurde. Andere Vorversuche beschränkten sich immer wieder auf die Versorgung von traumatisierten Unfallopfern. Somit wurden neue Schwerpunkte für den Einsatz von Rettungshubschraubern gesetzt. In Mainz kam man nach 59 abgeleisteten Einsätzen ebenfalls zu der Erkenntnis, dass das Raumangebot in den Hubschraubern nur eine begrenzte Versorgung während des Transportes zuließe. Der Patient musste also vor Antritt des Fluges stabilisiert und transportfähig gemacht werden. Diese Sichtweise hat sich bis heute nur wenig geändert.

ALARM FÜR „KOLIBRI": LUFTRETTUNGSVERSUCHE IN DER BAYERISCHEN LANDESHAUPTSTADT

Für die letzte große Vorversuchsserie zum Einsatzverhalten von Rettungshubschraubern hatte man München ausgewählt. Die Serie in der bayerischen Landeshauptstadt wurde in zwei

Abschnitte unterteilt: Die erste Phase fand in der Zeit vom 13. Juni bis 6. Oktober 1968, die zweite Phase vom 20. Dezember 1968 bis 7. Januar 1969 statt. Von den Kosten für das Münchner Projekt in Höhe von 120.000,– DM übernahm das Bundesverkehrsministerium 50.000,– DM und der ADAC in München 70.000,– DM. Träger der Testserie waren das Bayerische Rote Kreuz und der ADAC. Um den Vorversuch durchführen zu können, charterte der ADAC bei der Firma Südhelikopter einen Bell Jetranger 206 A, der in der Lage war, zwei Patienten auf normalen Krankentragen (allerdings übereinander angeordnet) zu übernehmen. Während der Pilot vom Charterunternehmen gestellt wurde, kam der Arzt von einer der vier Hilfsorganisationen oder von verschiedenen Krankenhäusern der Stadt München. Einen Rettungssanitäter, wie er beim Nürnberger Versuch anwesend war, gab es nicht.

Nachdem der Hubschrauber anfänglich auf dem Gelände des Flughafens München-Riem stationiert worden war, wechselte er später seinen Standort an das Klinikum Rechts der Isar. Die Hauptverwaltung des ADAC koordinierte die Einsätze vom Boden aus und erhielt als Bodenfunkstelle den Namen „Christoph München". Funkkontakt bestand zwischen den beteiligten Polizeidienststellen, Krankenhäusern und Rettungsorganisationen. Der Einsatzradius des Hubschraubers, der den Funkrufnamen „Kolibri" hatte, war auf 100 km rund um München festgelegt worden.

Die Ergebnisse aus 47 Tagen Münchener Versuchszeit konnten sich sehen lassen: 52 Einsätze wurden geflogen, dabei wurden 27 Patienten mit dem Hubschrauber transportiert. 16 Patienten wurden nach notärztlicher Versorgung dem Bodenrettungsdienst zur weiteren Transportdurchführung übergeben. Sechs Verlegungsflüge zu einem anderen, für den Patienten besser geeigneterem Schwerpunktkrankenhaus, sowie zwei Transportflüge für eilige Blutkonserven wurden abgeleistet. An 21 Tagen

der Gesamtversuchszeit wurde die Maschine nicht angefordert. Nach durchschnittlich 12 Minuten Flugzeit konnte der Notarzt mit der Versorgung des Patienten beginnen. Im Münchner Vorversuch trat auch zu Tage, dass der Einsatzradius von 100 Kilometern deutlich zu hoch angesetzt worden war, da außerhalb eines Radius von 70 Kilometern die Maschine quasi nicht mehr angefordert wurde.

Hinsichtlich der Gesamtbewertung kam auch der ADAC zu dem Resultat, dass der Hubschrauber lediglich als ergänzendes Rettungsmittel eingesetzt werden könne. Keinesfalls ersetze der Hubschrauber den bodengebundenen Rettungsdienst. Auf Basis seiner Versuchsergebnisse gelangte der ADAC zu der Auffassung, dass der Einsatz von Rettungshubschraubern in erster Linie in dicht besiedelten Städten und Ballungszentren mit ho-

Luftrettung in Österreich: Dank des Automobilclubs ÖAMTC sind auch dort die Engel gelb. Unser Bild zeigt den so genannten „Winter-Notarzthubschrauber" Gallus 1 der Flugrettung Vorarlberg, eine Eurocopter EC 135.

her Unfallhäufigkeit sinnvoll sei. Die eventuelle Stationierung von Rettungshubschraubern sollte nur an dafür geeigneten, leistungsfähigen Krankenhäusern erfolgen. Um den Start des Hubschraubers binnen zwei Minuten nach Alarmeingang zu gewährleisten, sollten die in der Luftrettung eingesetzten Drehflügler über Turbinentriebwerke verfügen. Neben der höheren und schneller zur Verfügung stehenden Leistung bei dieser Art des Antriebs, wurden vor allem die Vibrationsarmut und die höhere Fluggeschwindigkeit als Vorteil erkannt. Hubschrauber, die über hoch gelegene Rotorkopfsysteme verfügen, könnten darüber hinaus die Gefahr für Personal und umstehende Menschen, zum Beispiel Schaulustige, erheblich reduzieren. Ferner stellten die Verantwortlichen des ADAC fest, dass der Hubschrauber auch bei zweifelhaften Einsatzsituationen anzufordern sei, auch wenn nicht mit Sicherheit festgestellt werden könne, ob nicht nur Leichtverletzte am Unfallgeschehen zu beklagen seien.

In Stuttgart fand parallel zum Münchener Versuch eine vergleichbare Erprobung statt: Die Hubschrauberfirma LTD, der DRK-Landesverband Baden-Württemberg und die Björn Steiger Stiftung kamen dabei zu nahezu identischen Ergebnissen.

ERFAHRUNGSAUSTAUSCH – ANALYSE DER TESTVERSUCHE

Die Testversuche mit ihren unterschiedlichen Ergebnissen und Betreibern führten trotz aller Differenzen auch zu einer gemeinsamen Vorstellung, die den Luftrettungsdienst bis heute geprägt hat. So wurde von allen Betreibern die Forderung nach Hubschraubern mit ein beziehungsweise – wegen der besseren Flugleistung und der Sicherheitskriterien – zwei Turbinentriebwerken als Hauptantrieb unterstützt. Hoch liegende Rotorsysteme, sowohl für den Haupt- als auch für den Heckrotor, erwiesen sich als vorteilhaft, da hierdurch das Risiko der Hindernisberührung und die Gefahr für in der Nähe des Hubschraubers befindliche Personen reduziert werden konnte.

Die Forderungen wurden im Laufe der Zeit immer wieder von den Konstrukteuren der Luftfahrt in die Entwicklung von rettungsdienstgeeigneten Hubschraubern einbezogen. Es galt bei der Umsetzung dieser Ansprüche einen Kompromiss zwischen den Außenmaßen und dem zur Verfügung stehendem Platzangebot zu finden. Groß war der Spagat zwischen der Frankfurter Vertol H 21 und den anderen umgebauten Serienhubschraubern, die über ein geringes Raumangebot verfügten und eine

Luftrettung in der Schweiz: Die Eidgenossen haben's erfunden, die „REGA" war der Vorreiter für den Hubschraubereinsatz im Rettungsdienst.

adäquate Versorgung des Patienten während des Fluges nur in geringem Maße zuließen. Obwohl der Transport von zwei liegenden Patienten gleichzeitig in den Testversuchen kaum zur Anwendung kam, setzten sich alle Verantwortlichen für eine konstruktive Option ein, die den Transport von mindestens zwei liegenden Patienten möglich machen sollte.

Einheitlich war auch die Forderung nach einer geeigneten Leitstelle, um die Einsätze zielgerecht mit den Rettungsdiensten und der Polizei koordinieren zu können. Auch der bodengebundene Rettungsdienst profitierte von einer gezielten Einsatzführung. Die Stationierung von Rettungshubschraubern sollte an einer Spezialklinik mit verschiedenen therapeutischen Fachrichtun-

gen erfolgen. Der Einsatz des Luftrettungsmittels von Flughäfen aus, hatte sich durch fehlende Nähe zum ärztlichen Personal als nachteilig erwiesen. Ebenso wurde ein Flughelfer in Form eines Sanitäters gefordert, der sowohl den Arzt als auch den Piloten bei gewissen Tätigkeiten zum Beispiel in der Navigation, Abwicklung des Funkverkehrs und der Instandhaltung der medizinischen Geräte unterstützen sollte. Nach der Landung hilft er dem Notarzt als Assistent in allen medizinischen Belangen.

Der Einsatzradius sollte ca. 50 km betragen, keinesfalls aber 70 km überschreiten, da der Zeitvorteil gegenüber dem bodengebundenen Rettungsdienst sonst verloren ginge. Mitunter ist dabei auch zu beachten, dass sich die Einsatzzeit insgesamt für den Hubschrauber dadurch verlängert und dieser nicht mehr für Folgeeinsätze zu Verfügung stehen kann.

Die Vorversuche dienten überdies zur Erweiterung der Erkenntnisse der allgemeinen Notfallmedizin, wenn sie auch nicht grundlegend neue Veränderungen mit sich brachten. Auf die Verkürzung des Zeitraumes bis zum Eintreffen notärztlicher Hilfe, dem so genannten „therapiefreien Intervall", wurde im Allgemeinen nochmal hingewiesen. Um die Hilfsfrist bestmöglich einzuhalten, wäre eigentlich ein Radius von 35 Kilometern dienlicher. Doch 1973 schickte Siegfried Steiger als Präsident der DRF dem Bundesinnenminister einen Plan für eine flächendeckende Versorgung der Bundesrepublik mit Luftrettungsstationen. Für die Stationskreise verwendete Steiger ein Zwei-Mark-Stück. Das ergab im Maßstab zufällig einen Radius von 50 km. Kurze Zeit später veröffentlichte das Ministerium einen eigenen Plan mit fast identischen Stationskreisen…

Entgegen der vorherrschenden Meinung, der Flug hätte für den vorgeschädigten Patienten gravierende gesundheitliche Negativbelastungen, konnte klargestellt werden, dass sich ein Flug mit dem RTH in keiner Weise negativ auf den Patienten auswirkt, weil die Flughöhen von 300–500 Metern für eine Beeinträchtigung des Sauerstoffbedarfs und dessen Regulierung zu gering sind. Da die Lärmentwicklung beim Transport innerhalb der Kabine sehr hoch ist, muss die Überwachung des Patienten durch ein Monitoringsystem erfolgen, das in der Lage ist, Puls- und Blutdruckwerte sowie die Herzaktionen im Einzelnen elektronisch zu kontrollieren. Wegen der begrenzten räumlichen Verhältnisse soll der Patient vor Antritt des Fluges ausreichend stabilisiert sein, da während des Fluges ein nachträgliches Handeln der medizinischen Besatzung nur schwer möglich ist. Gerade im Hinblick auf die Sicherstellung der Atmung, der endotrachealen Intubation, ist am Boden die Indikation frühzeitig zu stellen, um Komplikationen während des Fluges zu vermeiden.

Allen Beteiligten war klar, dass der Hubschrauber lediglich als ergänzendes Rettungsmittel angesehen werden konnte und er keinesfalls den bodengebundenen Rettungsdienst von seinen Aufgaben entheben durfte. Die Maschinen seien ohnehin nur in eingeschränktem Maße einzusetzen, da ein Flug unter widrigen Witterungsverhältnissen wie Nebel oder Gewitter oder bei Dunkelheit aus Sicherheitsgründen nicht in Frage käme. Erstmals konnten durch die Versuche Ergebnisse präsentiert werden, aus denen sich ernsthafte Rückschlüsse im Hinblick auf den Ausbau eines Luftrettungsdienstes herleiten ließen.

STANDARD-
EINSATZRADIUS
VON 50 KM:

CHRISTOPH 11,
VILLINGEN-
SCHWENNIGEN

*Abdruck der Karte mit
freundlicher Genehmigung
der Deutschen Flugsicherung
GmbH (DFS) © 1999*

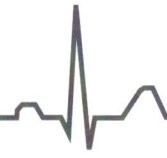

NACH ERSTEN ERFOLGEN GEHT ES WEITER: DIE MODELLPROJEKTE

BAYERISCHE TRENDSETTER – MODELLPROJEKT „CHRISTOPH 1" STARTET IN MÜNCHEN

Nach den anfänglichen Modellversuchen, die zeitlich nur kurzfristig angelegt waren, ging man dazu über, zeitlich unbefristete Erprobungsphasen, die Modellprojekte, ins Leben zu rufen. Im November 1969 forderte die erst im Sommer zuvor gegründete Björn Steiger Stiftung die Innenminister der Länder in einem 15 Punkte umfassenden offenen Brief auf, die Nothilfe in Deutschland zu verbessern. 1970 erreichte die Zahl den im Verkehr getöteten Personen auf den deutschen Straßen die traurige Höchstmarke von 20.000. Im gleichen Jahr unternahm die Björn Steiger Stiftung einen erneuten Versuch, die Bundeswehr in die zivile Luftrettung einzubeziehen. Sie bot dem Bundesverteidigungsministerium an, Hubschrauber der Bundeswehr medizinisch auszustatten und mit Notärzten und Rettungssanitätern zu versorgen. Nach mehreren Verhandlungen teilte der damalige Staatssekretär Berkhan Siegfried Steiger mit: Hubschrauber der Bundeswehr sind für den zivilen Einsatz ungeeignet.

Die zu jener Zeit führenden Notfallmediziner waren der Ansicht, dass rund 20% aller Opfer eine deutlich erhöhte Überlebenschance gehabt hätten, wenn eine präklinische notärztliche Versorgung durchgeführt worden wäre. Unter diesem Gesichtspunkt sowie in anbetracht der positiven Ergebnisse der Modellversuche, entschloss man sich zum Aufbau einer ersten Luftrettungsstation. Die „Premierenstadt" der Luftrettung mit einer dauerhaft angelegten Rettungsstation war München.

Um den Aufbau eines gesamtdeutschen Luftrettungsnetzes mit all seinen finanziellen Belastungen errechnen zu können, entschloss sich die Bundesregierung zum Kauf eines eigenen Hubschraubers. Die Kosten für die Anschaffung der Maschine lagen damals bei rund 850.000 DM. Staatliche Stellen unterstützten den mit dem Kauf verbundenen Finanzierungsaufwand zu einem erheblichen Teil. Weitere Zuwendungen kamen von der Allianzversicherungs-AG als privatrechtlichem Förderer, da auch hier ein erhebliches Interesse zur Realisierung dieses Projektes gegeben war. Über den tatsächlichen Finanzbedarf lagen aus den bisherigen Versuchen allerdings keine verlässlichen

Noch eine gelbe BO 105: Christoph 19 (Uelzen)

und auswertbaren Zahlen vor, da die bislang absolvierten Tests immer mit Chartermaschinen durchgeführt worden waren.

Georg Leber, zu jener Zeit Bundesminister für Verkehr, taufte den RTH des Typs BO 105 A mit dem Kennzeichen D-HILF auf den Namen „Christoph 1" und beauftragte den ADAC für vier Jahre mit der Durchführung des Flugbetriebes. Danach übernahm diese Aufgabe zwischenzeitlich das Bundesinnenministerium. Im Zuge der Reduzierung der BMI-Stationen ging Christoph 1 wieder an den ADAC zurück.

Aber nicht nur der Bestimmungszweck der Maschine war damals neu – auch war die gelbe BO 105 der Firma Messerschmitt-Bölkow-Blohm (MBB) die erste Serienmaschine ihres Typs und lieferte ideale Bedingungen für den Einsatz im Luftrettungsdienst. Vorausgegangen waren hier zahlreiche Sitzungen über die Konstruktion des Helikopters, da er so gebaut sein sollte, dass ein ausreichendes Platzangebot zur Durchführung der ärztlichen Maßnahmen vorhanden sein musste. Er sollte schnell und wendig sein, um das Start- und Landeverfahren in möglichst kurzer Zeit durchführen zu können. Die medizinische Ausrüstung sollte so gewählt werden, dass ein möglichst breites Spektrum von Notfällen adäquat behandelt werden konnte.

Die Ingenieure von MBB zogen bei der Entwicklung der BO 105 einen dauerhaften Einsatz im Rettungsdienst von Anfang an in Betracht, vor allem in punkto Sicherheit: Die Maschine war mit zwei Turbinentriebwerken ausgerüstet, so dass bei Ausfall einer Turbine noch immer eine sichere Landung möglich war. Ein weiterer Pluspunkt der Twin-Turbine bestand in der größeren Leitungsfähigkeit und der damit verbundenen hohen Reisegeschwindigkeit von ca. 230 km/h, so dass der Notfallort binnen kürzester Zeit auf dem Luftweg erreicht werden konnte. MBB setzte bei der BO 105 auf ein starres Rotorkopfsystem und revolutionierte damit auch die Steuerung eines Helikopters. Präzises und schnelles Reagieren des Rotorkopfes auf die Steu-

Kennzeichen mit großer Tradition: „D-HILF", hier an einer BK 117 der Deutschen Rettungsflugwacht

ereingaben des Piloten machten die BO 105 zu einem äußerst wendigen Hubschrauber, der auf kleinstem Platz gelandet werden konnte. Gleichzeitig sank hiermit der Fluglärm, was gerade bei den in Kliniknähe durchgeführten An- und Abflügen sehr begrüßt wurde. Die Verwendung des Vier-Blatt-Rotors minimiert außerdem die Vibrationen des Helikopters und somit auch die Übertragungen von Schwingungen auf den Patienten minimiert, so dass der Transport auf dem Luftweg für den Erkrankten schonend durchgeführt werden konnte.

Als Standortkrankenhaus wählte man das Städtische Krankenhaus in München-Harlaching. Von hier aus flog der „gelbe Engel" im November 1970 von 6.00 Uhr bis Sonnenuntergang seine ersten Einsätze. Die Crew bestand aus dem Piloten Wolfgang Starke, dem Notarzt Dr. Hans Burghardt und dem

Rettungssanitäter des Bayerischen Roten Kreuzes (BRK), Otto Seuß. Die Besatzungsmitglieder erhielten am Krankenhaus in Harlaching ihren eigenen Bereitschaftsraum und waren mit den zur damaligen Zeit modernsten Funk- und Telekommunikationsmitteln ausgerüstet, so dass eine rasche Alarmierung des RTH durch die Leitstelle jederzeit sichergestellt war. Durch den Einsatz zweier Funkgeräte konnte die diensthabende Besatzung den Funkkanal der Leitstelle in München und den der Polizei abhören, um so ergänzend zu deren Anforderung ihre Hilfe und Unterstützung anbieten zu können. Die Zusammenstellung der Besatzung und ihr Einsatzprofil wurden bis heute beibehalten und haben sich über Jahrzehnte bestens bewährt. Gegenwärtig wird je nach Betreiber und Einsatzgebiet des Hubschraubers

Bell 212 des Bundesinnenministeriums (Christoph 12, Eutin)

die Besatzung der Maschine noch durch einen Bordwart, Winchoperator oder Co-Piloten ergänzt, was die Sicherheit im Luftrettungsdienst weiter erhöht hat. Der 1. November 1970 sollte das deutsche Rettungssystem verändern und es kam so, wie es heute selbstverständlich geworden ist. Zum ersten Mal kam der Alarm: „Einsatz für den Christoph 1."

DER ERSTE SCHOCK – ABSTURZ IM LANDEANFLUG

Am 17. August 1971, knapp zehn Monate nach der Indienststellung des ersten RTH, ereignete sich der erste tragische Zwischenfall in der noch jungen Geschichte der deutschen Rettungsflieger. Die Berufsfeuerwehr in München alarmierte den Christoph 1 zur Versorgung eines schwer verletzten Kindes. Dieses sollte in die Neurochirurgie der Uniklinik geflogen werden, da hier der Verdacht auf eine drohende Querschnittslähmung bestand. Als der Pilot zum Landeanflug auf einem Sportplatzgelände in der Nähe der Unfallstelle ansetzte, sackte der Hubschrauber plötzlich in die Tiefe und zerschellte am Boden. Der Aufprall zerstörte die Maschine völlig. Der Notarzt wurde durch die Wucht des Aufpralls aus dem Sitz geschleudert und verstarb kurze Zeit später am Unglücksort. Der Rettungssanitäter wurde schwer verletzt, überlebte jedoch den Absturz. Der Pilot selbst hatte bei diesem Unglück einen ganz besonderen Schutzengel bei sich – er trug lediglich leichtere Blessuren davon.

Nun stellten Kritiker und Gegner der Luftrettung alles, was bis zu diesem Tage geleistet wurde, in Frage. Ein herber Rückschlag für die Pioniere, die sich jedoch davon nicht entmutigen ließen. Die Bundeswehr half sofort mit einer Ersatzmaschine vom Typ Bell UH-1D der Luftwaffe aus, nur sechs Tage später unterstützte das Bundesinnenministerium das Projekt längerfristig, ebenfalls mit einer Bell UH-1D. Dieser Hubschrauber kam vom BGS-Kommando der Fliegerstaffel Süd aus München. Mit einer neuen BO 105 wurde am 27. November 1971 der reguläre Flugbetrieb wieder aufgenommen. Ursprünglich war diese Maschine für den Raum Frankfurt als Christoph 2 vorgesehen, durch den Münchner Absturz mussten die Frankfurter allerdings noch bis zum 15. August 1972 auf ihren „gelben Engel" warten. Die positiven Auswertungen des Münchner Modells vor dem Unfallereignis nutzte der ADAC dazu, um vor dem Bundestag eine stärkere staatliche Beteiligung zum Aufbau eines flächendeckenden Luftrettungsnetzes zu fordern.

Der Ausbau der Luftrettung wurde konsequent weiter verfolgt. Der ADAC legte hierzu erstmals in der Geschichte beeindruckendes Zahlenmaterial vor: Knapp 650 Alarmstarts für Christoph 1 in den ersten zehn Monaten, über 300 mal wurden Patienten auf dem Luftweg ins Zielkrankenhaus transportiert, viele davon in medizinische Spezialzentren, die auf die Behandlung von Schwerstverletzten vorbereitet waren. Die Zeit zwischen Unfallereignis und operativer Versorgung wurde deutlich vermindert, das therapiefreie Intervall erheblich reduziert. Darüber hinaus gab es zahlreiche Einsätze, bei denen der Notarzt nach der Behandlung die Patienten an den bodengebundenen Rettungsdienst übergeben konnte, der immer zeitgleich mit dem Luftrettungsmittel alarmiert wurde. Ziel dieser Parallelalarmierung war es, den Hubschrauber nicht für längere Zeit zu blockieren, wenn ein Lufttransport für nicht notwendig erachtet wurde. Sofern der bodengebundene Rettungsdienst den Notfallort schneller erreicht hatte als der RTH, wurde dieser wieder abbestellt, wenn notärztliche Hilfe nicht erforderlich war. Das Ziel war deutlich: Rasche Verfügbarkeit für Folgeeinsätze, um im Bedarfsfall weitere qualifizierte Hilfe aus der Luft anbieten zu können. Zeitgleich hatte sich die Björn-Steiger-Stiftung, späterer Initiator der Deutschen Rettungsflugwacht DRF e.V., an einem weiteren, auf vier Wochen befristetes Luftrettungsprojekt in Stuttgart beteiligt.

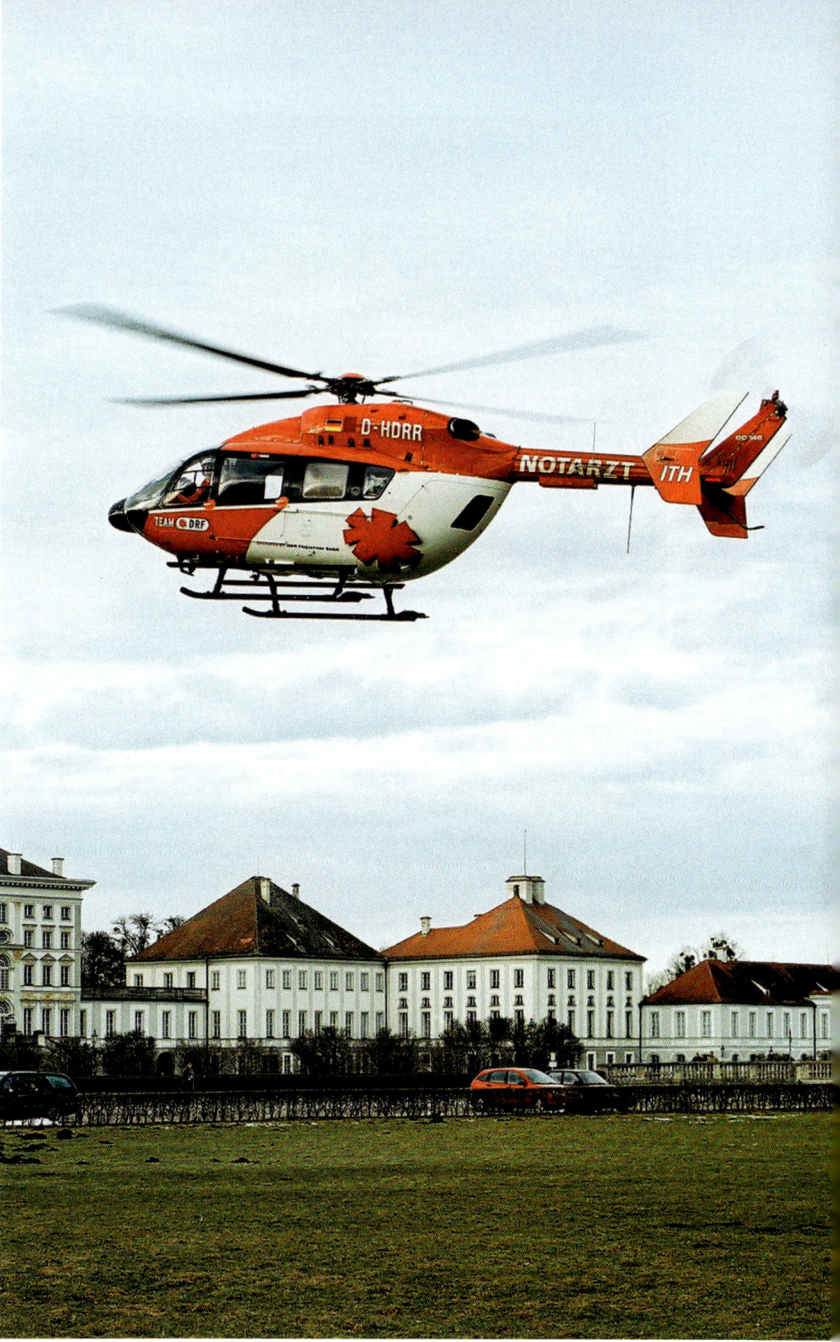

Landeplatz auf dem Dach: Faszinierender Blick...

...von der Berufsgenossenschatlichen Unfallklinik in...

CHRISTOPH 2 – DIE GRÖSSTE FINANZIELLE KRISE DER NOCH JUNGEN LUFTRETTUNG

Die Bundesregierung hatte vier Modellversuche geplant: Christoph 1 München, Christoph 2 Frankfurt, Christoph 3 Leverkusen und Christoph 4 Hannover. Obwohl von der Allianz Versicherungs-AG mitfinanziert, war Christoph 1 beim Absturz nicht versichert. Deshalb musste der im November in Frankfurt in Dienst zu stellende Christoph 2 nach München überstellt werden. Bundeskanzler Brandt erklärte sich bereit, den neuen Christoph 2 aus seinem Haushalt zu beschaffen, was durch den Misstrauensantrag der CDU im Bundestag nicht mehr möglich war. Der ADAC lehnte die Bitte der Bundesregierung ab, Christoph 2 zu finanzieren. Daraufhin sagte die Björn Steiger Stiftung zu, Christoph 2 zu finanzieren und 890.000 DM aufzubringen. Da die zugesagte Maschine von der Bundesregierung und dem Land Hessen nicht rechtzeitig bezahlt wurde, bürgten Ute und

Siegfried Steiger mit ihrem Privathaus für das dadurch notwendige Darlehen. Einen Teil der notwendigen Mittel stellte die Stiftung aus den Erlösen der Benefizschallplatte „Stunde der Stars" zur Verfügung.

Am 15. August 1972 übergaben das Ehepaar Steiger und Sänger Udo Jürgens, der zum Erfolg der Schallplatte maßgeblich beigetragen hatte, Christoph 2 dem Bundesinnenminister. Die Frankfurter Feuerwehr, die bereits einige Zeit zuvor mit der legendären Vertol H 21 an einem Versuch beteiligt war, übernahm die Abstellung des medizinischen Assistenzpersonals und die Koordination der Luftrettungseinsätze über ihre Einsatzleitstelle. Mit der Stationierung an der Frankfurter BG-Klinik, von wo aus die Maschine auch heute noch zu ihren Einsätzen startet, wurden die Forderungen der Luftrettungspioniere direkt und effizient in die Tat umgesetzt: Große Schwerpunktklinik, kurzer Weg zur Notaufnahme vom Landeplatz aus, zentraler Stützpunkt des

...Frankfurt am Main, wo seit 1972 „Christoph 2" stationiert ist.

Hubschraubers. Und es gab eine weitere Premiere in Frankfurt – einen Hangar für den Helikopter, eine eigene Betankungsanlage und Aufenthaltsräume für die Crew des „Christoph 2". Die bislang zur Hallenunterstellung üblichen und kostenintensiven Überführungsflüge konnten gänzlich entfallen, was nicht nur Zeit und Geld sparte, sondern auch den positiven Effekt hatte, dass die Flugbewegungen und die damit verbundene Lärmbelästigung reduziert werden konnte.

Durch das große Engagement der Björn Steiger Stiftung war es gelungen, die größte Finanzierungskrise der jungen deutschen Luftrettung abzuwenden. Bei Übergabe von Christoph 2 erklärte das Bundesinnenministerium, dass es außer den vier Modellversuchen und einem Versuchszentrum der Bundeswehr in Ulm keine weiteren staatlichen Luftrettungs-Stationen geben werde. Dies veranlasste Siegfried Steiger die Gründung einer zivilen Luftrettungsorganisation vorzubereiten.

BUNDESINNENMINISTERIUM FÜHRT EIGENES MODELLPROJEKT DURCH – ALARM FÜR „CHRISTOPH 3"

Der in München vom ADAC durchgeführte Modellversuch mit seinen positiven Ergebnissen brachte nun auch Bewegung auf der Ministerialebene des Bundes. Nach zahlreichen Diskussionen im Bundesverkehrsausschuss wurden mit dem Bundesministerium für Verkehr gezielte Fachgespräche über den Aufbau eines flächendeckend funktionierenden Luftrettungsdienstes in der Bundesrepublik Deutschland geführt. Unter anderem war die gezielte Beteiligung von Bund und Ländern in Bezug auf die Durchführbarkeit und die Finanzierung dieses Netzes gefragt. Obwohl das Bundesverkehrsministerium bereits in München den Modellversuch aktiv unterstützte, ließ es eine direkte Betei-

ligung am Ausbau des Luftrettungsdienstes auf Gesamtbundesebene nicht zu und begründete seine Ablehnung damit, dass die Durchführung des Rettungsdienstes Aufgabe der Bundesländer sei und diese den Luftrettungsdienst eigenverantwortlich zu gestalten hätten. Somit scheiterte diese Idee aufgrund mangelnder Zuständigkeit seitens des Bundesverkehrsministeriums. Die Bemühung, die bereits über eine große Flotte an Hubschraubern verfügende Bundeswehr in das Projekt zu integrieren, schlug ebenfalls fehl, da der Bundeswehr der gesetzliche Auftrag für den Luftrettungsdienst abgesprochen wurde. Für einen nicht originären Dienst der Landesverteidigung könne man die Maschinen mit der fliegerischen Besatzung nicht dauerhaft entbehren. Sowohl das Verkehrsministerium als auch das Verteidigungsministerium lehnten die verantwortliche Zuständigkeit für ein Luftrettungssystem ab.

Es blieb nur noch die Möglichkeit, den Luftrettungsdienst in die Zuständigkeit des Innenministeriums zu übergeben, welches bereits auf Bundesebene für die Durchführung des erweiterten Katastrophenschutzes verantwortlich war. Hier kam man schließlich nach langen Fachgesprächen zu der Überzeugung, die Helikopter aus dem Haushaltetat für den erweiterten Katastrophenschutz zu finanzieren und ihr Aufgabenspektrum über den eigentlichen Luftrettungsdienst hinaus zu erweitern. So sollten die angeschafften Maschinen im eventuell auftretenden Katastrophenfall die Einsatzführung aus der Luft ermöglichen und gegebenenfalls die Patientenversorgung sicherstellen.

Der erste eigene Modellversuch des Bundesinnenministeriums (BMI) begann im Dezember 1971 in Leverkusen. Das aus München bewährte Modell der Messerschmitt-Bölkow-Blohm MBB BO 105 wurde auch für Leverkusen angeschafft, da in München die Betreiber des Hubschraubers mit zufriedenstellenden Ergebnissen in punkto Flugleistung, Reisegeschwindigkeit, Wendigkeit und Platzangebot aufwarten konnten. In Bezug auf die me-

Christoph 2 vor seinem Hangar

dizinische Ausstattung des Hubschraubers gab es nur geringe Unterschiede, die ohne jegliche Bedeutung für die Durchführung des BMI-Modells waren. Leverkusen galt mit seinen Ballungsgebieten und zahlreichen Autobahnknotenpunkten als ideale Region, da hier eine unverhältnismäßig große Anzahl an Verkehrsunfällen registriert wurde. Darüber hinaus bestand eine große Anzahl an Industriebetrieben, so dass das Einsatzaufkommen – bedingt durch die zu erwartenden Betriebsunfälle – höher ausfallen könnte, als in einer anderen Region.

„Christoph 3" wurde durch die Leitstelle des Malteser-Hilfsdienstes koordiniert. Der MHD stellte auch den diensthabenden Rettungssanitäter ab. Der Bundesgrenzschutz stellte den Hubschrauberführer, wobei der BGS sich neben der Abstellung des Piloten auch für die Durchführung der Wartung und Instandhaltung der BO 105 verantwortlich zeigte. „Christoph 3" wurde allerdings nicht wie „Christoph 1" an einem Krankenhaus stationiert, sondern startete zunächst – entgegen der ausdrücklichen Empfehlung des ADAC – vom Flugplatz Leverkusen aus. Erst im Jahr 1972 entschloss man sich, die BO 105 am Krankenhaus Heilig-Geist in Köln-Longerich zu stationieren. Die Stützpunkt-Klinik stellte den Notarzt für die Flugbereitschaft frei. Der Versuch mit „Christoph 3" erwies sich als durchschlagender Erfolg: Die medizinische Fachwelt war voller Lob und äußerte sich begeistert über den „gelben Engel". Trotz all der Begeisterungsstürme, die der Hubschrauber in Leverkusen auslöste, gab es jedoch immer wieder Kritik gegen den Einsatz des RTH: Er sei die letztlich eine überflüssige Konkurrenz zum bodengebundenen Rettungsdienst. Wiederholt kam es vor, dass Patienten rasch während des Landeanfluges unversorgt in den Rettungswagen geschoben wurden, um den Abtransport nun eiligst durchführen zu können.

Um die Teamarbeit der Hubschrauberbesatzung zu fördern, unterstützten die Rettungssanitäter in der einsatzfreien Zeit das ärztliche Personal bei medizinischen Tätigkeiten in der Poliklinik. Mit „Christoph 4" beendete das Bundesinnenministerium seine Modellversuche und stationierte im niedersächsischen Hannover am 1. Oktober eine weitere BO 105 an der dortigen Medizinischen Hochschule (MH). In Hannover gab es bereits eine gemeinsam arbeitende Rettungsleitstelle der Berufsfeuerwehr und

Bell UH-1D der Bundeswehr, auch „Huey" genannt.

der am Rettungsdienst beteiligten Hilfsorganisationen, die die Koordination der Einsätze des Helikopters übernahm. Die Ärzte wurden von der MH Hannover abgestellt, die Rettungssanitäter kamen von der Johanniter-Unfall-Hilfe, wobei die JUH auch heute noch ihre Rettungsassistenten auf dem Hubschrauber einsetzt. Ein nahe der Notaufnahme gelegenes Parkdeck diente als Landeplatz. Die gesammelten Erfahrungen aus den verschiedenen Bundesländern wichen im Wesentlichen nicht von den in München gewonnenen Erkenntnissen ab. Der Hubschrauber galt in allen Versuchen immer nur als ergänzendes und nie als konkurrierendes Rettungsmittel, mit einem allerdings erheblichen Nachteil, der sich bis heute nicht geändert hat: Die flächendeckende Stationierung von Rettungshubschraubern stellt eine erhebliche Investitionsleistung hinsichtlich finanzieller und personeller Mittel dar.

DIE ROLLE DER BUNDESWEHR – DAS TESTRETTUNGSZENTRUM ULM

Trotz einer negativer Grundeinstellung zur Förderung zum Aufbau des Hubschraubernetzes engagierte sich die Bundeswehr am Bundeswehrkrankenhaus in Ulm im November 1971 mit dem Aufbau eines Testrettungszentrums. Hier wurden ein Notarztwagen und ein Rettungshubschrauber vom Typ Bell UH-1D stationiert. Etwas später folgten weitere Zentren in Koblenz, Aachen, Hamburg und Nürnberg, die in die bereits vorhandenen Infrastrukturen des zivilen Rettungsdienstes integriert wurden.

Mit der Bell UH 1D konnte man erstmals Erfahrungen im Rahmen der Erstversorgung mit Hubschraubern größeren Typs über einen längeren Zeitraum gewinnen. Die Crew bestand aus einem Piloten, dem Bordwart, einem Rettungssanitäter und einem Notarzt. Der Hubschrauber war in der Lage, zwei in Längsrichtung

Christoph 22, Ulm (siehe auch nächste Seite)

angebrachte Krankentragen aufzunehmen und aufgrund der größeren Innenabmessungen auch während des Fluges eine Versorgung des Patienten in ausreichendem Maße zuzulassen. Aus der Stellung Ulms als regionales Zentrum eines ländlichen Gebietes resultierten außergewöhnlich lange Anfahrtszeiten für den Rettungsdienst. Auch gab es nur wenige Spezialkliniken im größeren Umfeld, so dass die Bundeswehr mit der Huey im Gegensatz zu den anderen Stationen einen ganz erheblichen Teil Sekundärtransporte absolvieren musste. Die Ulmer Bundeswehr führte bis 1974 rund 4.700 Einsätze mit Notarztwagen und Hubschrauber durch, wobei rund 1.000 Einsätze allein durch den Hubschrauber abgewickelt wurden. Das Besondere am Ulmer Modell war die Kombination von Notarztwagen und Hubschrauber, wobei zwischen den beiden Einsatzmitteln je nach Entfernung zum Einsatzort, dessen Lage, den Witterungsverhältnissen und den Verkehrsbedingungen entschieden wurde. Die endgültige Entscheidung traf der diensthabende Notarzt.

STANDORTBESTIMMUNG – ANALYSE DER MODELLPROJEKTE

Nachdem das BMI die Modellversuche in Frankfurt, Köln und Hannover nach zweijähriger Erprobungsphase für beendet erklärte, glich man die gewonnenen Erfahrungen mit den Ergebnissen aus München ab und entschloss sich 1973 zum Aufbau eines flächendeckenden Luftrettungsnetzes in der Bundesrepublik Deutschland. Der Innenausschuss des Deutschen Bundestages stimmte diesem Beschluss im Mai 1973 zu und bewilligte schließlich die Gelder für die Anschaffung zweier weiterer Maschinen des Typs MBB BO 105. Die Stationierung der neu erworbenen Maschinen erfolgte in Ludwigshafen als „Christoph 5" und Bremen als „Christoph 6".

Nicht nur die Politiker wurden aktiv, auch die DRF und der ADAC waren weiterhin der Überzeugung, dass der Luftrettungsdienst kontinuierlich ausgebaut werden musste. Obwohl der ADAC erst mehrere Jahre nach der DRF die erste Station auf eigenes Kostenrisiko betrieb, rief er in den frühen 70er Jahren zu einer groß angelegten Spendenaktion auf, die den RTH später den Namen „gelbe Engel Christoph" einbrachte. Immer stärker rückten die Rettungshubschrauber in das Bewusstsein der breiten Öffentlichkeit und neben tausenden von Privatpersonen engagierten sich auch Vereine, Künstler und Prominente für die finanzielle Unterstützung dieser zukunftsweisenden Idee.

Der Erlös dieser Spendenaktionen ermöglichte die Anschaffung eines weiteren Hubschraubers. So entstanden binnen kürzester Zeit zwei neue Stützpunkte: „Christoph 7" ging nach Kassel, „Christoph 8" stellte die Versorgung im Ruhrgebiet sicher. Der Standort war hier das Marienkrankenhaus in Lünen, nördlich von Dortmund. Der Bund hatte nun innerhalb von drei Jahren nach Beginn des ersten Testversuchs in Köln acht Stützpunkte in verschiedenen Teilen Deutschlands in Dienst gestellt. Neben der ständig im Einsatz befindlichen Maschinen wurden drei weitere Hubschrauber als Ersatzmaschinen bei entsprechenden Wartungsarbeiten bereitgehalten, um eine kontinuierliche Fortführung des Dienstes zu gewährleisten. Obwohl die Haushaltslage des Bundes schon damals sehr angespannt war, verfolgte die Regierung ihr geplantes Vorhaben zum Ausbau des Netzes konsequent. 1975 wurden die Standorte Duisburg „Christoph 9", Wittlich „Christoph 10" und Villingen-Schwenningen mit „Christoph 11" eröffnet.

Christoph 11, Villingen-Schwenningen – hier noch am Boden...

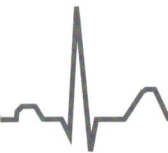

DIE LUFTRETTUNG WIRD MODERN

STAATLICHE HILFEN FÜR DIE LUFTRETTUNG

Noch in den frühen 60er Jahren war die so genannte Rückspiegelrettung alltäglich: Eine medizinischen Betreuung während des Transportes fand nicht statt, allenfalls warf der Fahrer von Zeit zu Zeit einen prüfenden Blick in der Rückspiegel des Krankenwagens. Permanent besetzte Einsatzzentralen und fachkundig koordinierte Nothilfe suchte man oft vergebens. Sogar von „Patientenklau" war die Rede, da sich verschiedene Hilfsorganisationen durch Abhören des Polizeifunks Konkurrenz darin machten, als erster am Einsatzort zu sein.

Grundlage für die gezielte Mitarbeit der Bundesregierung am Aufbau des deutschen Luftrettungsnetzes war das Gesetz zur Erweiterung des Katastrophenschutzes aus dem Jahre 1968. Der Bundestag verankerte hier, dass der Bund die Ausrüstung und materielle Ausstattung für die Einheiten des erweiterten Katastrophenschutzes im Rahmen ihrer Zuständigkeit für den Schutz der Zivilbevölkerung im Verteidigungsfall beschafft. Da das Bundesamt für Zivilschutz dem Bundesinnenministerium unterstellt ist, fällt auch der erweiterte Katastrophenschutz in die Zuständigkeit des BMI. Der Rettungsdienst ist eine öffentliche Aufgabe der Daseinsfürsorge, die nach Artikel 30, 70, 73, 74 und 83 des Grundgesetzes den Ländern obliegt. Als sicherheits- und gesundheitsrechtliche Materie fällt er in die Gesetzgebungskompetenz der Bundesländer. Der Zivilschutz hingegen ist Sache des Bundes. Verschiedene Gesetze und Erlasse auf Bundes- und Länderebene, bilden die Grundlage für dieses Gesamtsystem.

Da es sich bei der Durchführung des Rettungsdienstes um eine öffentliche Aufgabe handelt, muss die Versorgung der Bevölkerung flächendeckend angelegt sein. Im Idealfall ist eine

Die Rettungskette greift: Nach einem dramatischen Sturz aus großer Höhe wird der Mann zunächst von Ersthelfern aufgefunden. Kurz darauf kümmern sich Feuerwehr und Rettungsdienst um den Patienten...

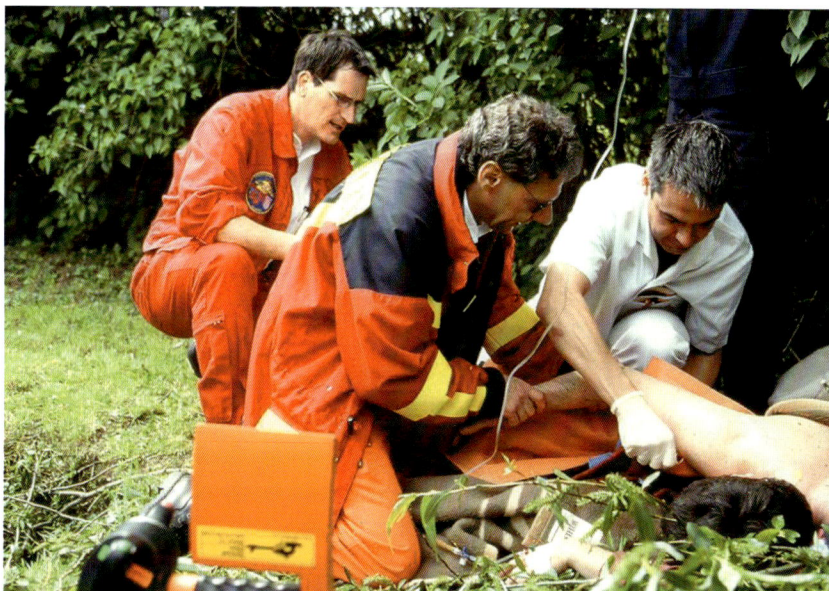

… Notarzt und Rettungsassistent vom Christoph Hansa überprüfen die Vitalfunktionen (im Vordergrund das EKG-Gerät). Nach der Stabilisierung wird der Patient zum Helikopter gebracht; die MD 900 fliegt ihn rasch in die Klinik.

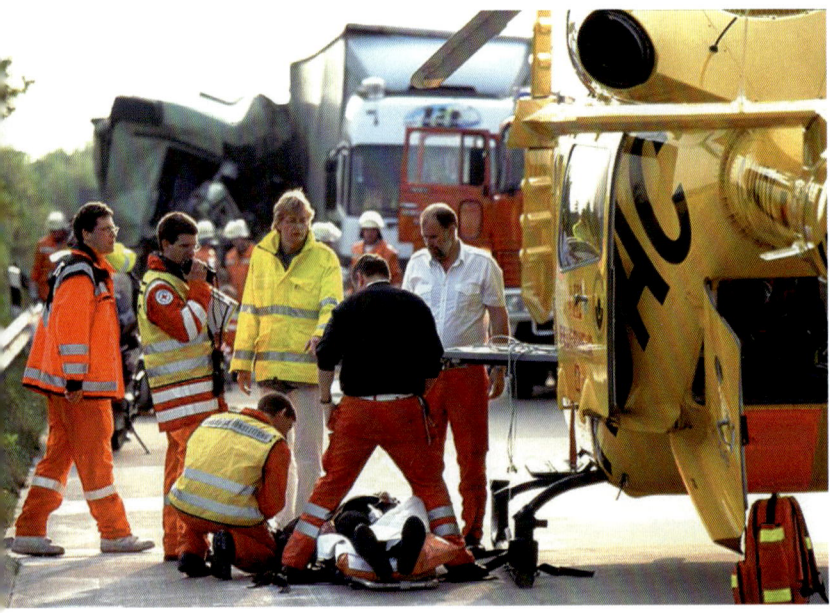

ausreichend große Anzahl von Rettungswachen so im Einzugsgebiet einer Rettungsleitstelle verteilt, dass jeder gemeldete Notfallort im gesamten Rettungsdienstbereich in maximal zehn Minuten erreicht werden kann.

Die klassische Darstellung der Elemente der Notfallversorgung ist die so genannte Rettungskette. Sie beinhaltet die Grundidee eines kontinuierlichen, aufeinander aufbauenden Ablaufs der Versorgung eines Patienten in einer Notfallsituation. Die ersten Schritte am Notfallort liegen in der Hand eines jeden Bürgers und sind kleine Hilfen an einer Unfallstelle wie Sofortmaßnahmen, Notfallmeldung und die Erste Hilfe. Diese Maßnahmen werden durch den Rettungsdienst oder einen Notarzt weitergeführt und fachlich ergänzt. Der Rettungsdienst stellt ein Glied dieser Rettungskette dar und umfasst die Durchführung der lebensrettenden Maßnahmen sowie der Herstellung der Transportfähigkeit des Notfallpatienten. Um diese qualifizierten

Tätigkeiten adäquat durchführen zu können, kommen verschiedene Rettungsmittel zum Einsatz. Neben dem Rettungs- oder Notarztwagen ist der Rettungshubschrauber ein weiteres Glied in der rettungsdienstlichen Versorgungsstruktur. Das auf den verschiedenen Rettungsmitteln zum Einsatz kommende Personal (Rettungsassistenten, Rettungssanitäter und Notärzte), ist in der Versorgung von Notfallpatienten besonders geschult. Ein wesentlicher Fortschritt der letzten Jahrzehnte war, dass in Bezug auf einen Notfallpatienten immer weiter vom reinen Transportgedanken Abstand genommen wurde. Die eigentliche Sachleistung wird immer mehr in der Versorgung, der Behandlung vor Ort, im Herstellen der Transportfähigkeit sowie in der Betreuung eines Patienten gesehen. Generell steht für den Rettungsdienst die fachgerechte, medizinisch-technische Versorgung und menschliche Betreuung eines Patienten im Mittelpunkt. Mit der Übergabe eines mit Mitteln des Rettungsdienstes und/oder Notarztes versorgten Patienten in eine Klinik, beginnt die klinisch-diagnostische und therapeutische Versorgung des Notfallpatienten.

LÄNDERSACHE RETTUNGSDIENST

Wie bereits vorstehend erwähnt, besitzt der Bund in Bezug auf die Gestaltung des Rettungsdienstes keine eigenständige Gesetzgebungskompetenz. Die Bundesländer führen den Rettungsdienst im Rahmen ihrer Länderkompetenzen durch und zeichnen sich für dessen Regelung, Finanzierung und Organisation somit allein verantwortlich. Zu diesem Zweck haben die Bundesländer einzelne Landesrettungsdienstgesetze verabschiedet, die nicht nur ihre Beteiligung an der Durchführung des Rettungsdienstes regeln, sondern auch dessen Organisation. Auf Basis dieser bestehenden Landesrettungsdienstgesetze regeln die Länder auch den Einsatz von Luftrettungsmitteln. Das Land entscheidet zum

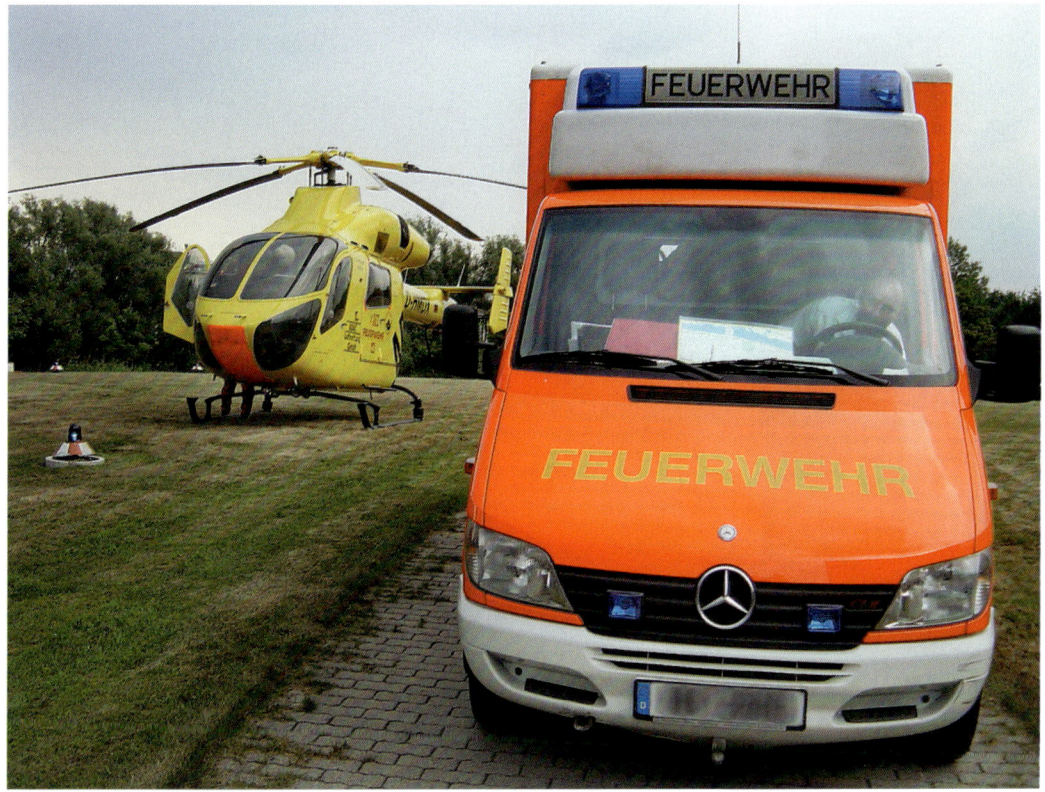

Ein Rettungswagen der Feuerwehr Hamburg, im Hintergrund Christoph Hansa (ADAC)

Wurde in der Vergangenheit stets darauf geachtet, dass Rettungshubschrauber möglichst in Ballungsgebieten stationiert werden, so geht man heute dazu über, die Hubschrauber mehr in ländlichen Bereichen zu platzieren, wo der bodengebundene Notarztdienst weite Anfahrten in Kauf nehmen muss. Durch dieses Umdenken konnte in den ländlichen Regionen das Rettungswesen spürbar verbessert werden. Die Beteiligung der Länder an der Durchführung von Luftrettung umfasst auch finanzielle Hilfen wie den Bau und die Bereitstellung der Hubschrauberstation, so weit sie sich auf die Bodeneinrichtungen beziehen. Zu den Bodeneinrichtungen gehören die Hubschrauber Start- und Landeplätze am Stationskrankenhaus,

Beispiel über den Stationierungsort des Rettungshubschraubers und übergibt die Durchführung des Luftrettungsdienstes nach einem öffentlich ausgeschriebenen Vergabeverfahren an einen dafür speziell ausgerüsteten und kompetenten Vertragspartner.

Während des Aufbaus des bundesdeutschen Luftrettungsnetzes hatte man in den ersten Jahren häufig den Eindruck, dass die regionalpolitischen Interessen vorrangig gegenüber der einsatztaktischen Entscheidung über einen zukünftigen Stationierungsort des Rettungshubschraubers waren. Dieses Vorgehen hat sich aber in der Zwischenzeit deutlich geändert.

die Errichtung eines Hangars als Unterstellmöglichkeit für den Hubschrauber, Aufenthalts-, Lager- und Arbeitsräume für das Flugpersonal sowie die Finanzierung einer Betankungsanlage.

Die Kommunen sind mit der Luftrettung in der Weise verbunden, dass sie in der Regel die Anbindung der Hubschrauberstationen an ein Spezial- oder Schwerpunktkrankenhaus ermöglichen, die mitfliegenden Notärzte bereitstellen und für die Zusammenarbeit der lokalen Bodenrettungsfahrzeuge und der Rettungswachen über die Rettungsleitstelle sorgen. Da die Rettungsbereiche der Kommunen für ihre Bodenfahrzeuge regel-

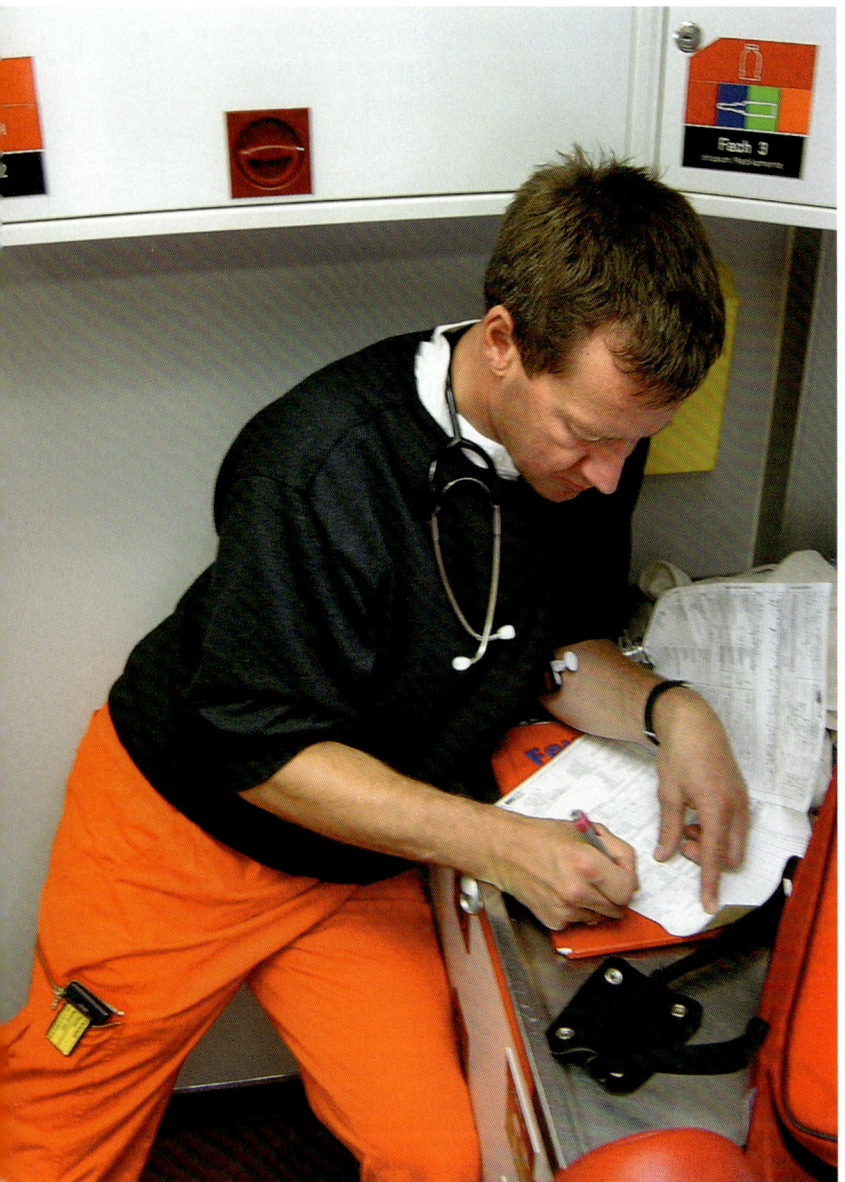

Behandlungsraum und Büro – das Innere eines RTW

mäßig kleiner sind als die Luftrettungsbereiche, haben sich die Kreise und kreisfreien Städte über ihre Bodenbereiche hinweg oft länderübergreifend zu größeren Luftrettungszweckverbänden zusammengeschlossen. Diese Zweckverbände sind dann Träger der jeweiligen Hubschrauberrettungsbereiche.

DIE RETTUNGSMITTEL

Zur Versorgung der Bevölkerung im Hinblick auf ein Unfallgeschehen oder für einen qualifizierten Krankentransport werden unterschiedliche Rettungsmittel eingesetzt. Grundsätzlich gilt: In allen Fällen, in denen bei einem Patienten eine Störung der vitalen Funktionen vorliegt, sich anbahnt oder befürchtet werden muss, wird von der Leitstelle ein Notarzt eingesetzt. Dieser Notarzt kann in Zusammenarbeit mit dem Rettungsdienst die Transportfähigkeit eines Notfallpatienten herstellen und erhalten. Grundsätzlich hat die Rettungsleitstelle die Möglichkeit, folgende Rettungsmittel einzusetzen:

Krankentransportwagen

Der Krankentransportwagen (KTW) ist ein Sonderaufbau auf einem PKW-Fahrgestell. Dieses Fahrzeug hat zwar im Innenraum ein eher geringes Platzangebot, zeichnet sich aber durch einen guten Fahrkomfort aus. Die Ausstattung mit einer Krankentrage und einem Tragestuhl entsprechen der Norm; ein Notfallkoffer gehört ebenfalls zum Standard, so dass, falls doch erforderlich, auch Notfallpatienten zunächst versorgt werden können. Zum eigentlichen Transport von Notfallpatienten ist der KTW aber in der Regel nicht geeignet. Der KTW führt alle so genannten „Normaltransporte" durch, wie zum Beispiel Einweisungen in ein Krankenhaus oder Fahrten im Falle einer Überweisungen zum Facharzt.

Notarztwagen „NAW 21 Berta" der Bundeswehr in Hamburg

Rettungswagen im Kreis Pinneberg

Rettungswagen

Der Rettungswagen (RTW) ist ein zum Sonderfahrzeug umgebauter Klein-LKW/Transporter, dessen Fahrgestell oft kleiner ist, als das des Notarztwagens (NAW). Grundsätzlich übernimmt der RTW die Versorgung von Notfallpatienten. Seine Ausstattung ist mit der eines NAW vergleichbar. Abgesehen von einer verringerten Bestückung mit Notfallmedikamenten, eventuell fehlender Sonderausstattung und vermindertem Platzangebot verfügt nämlich auch der RTW über sämtliches Equipment, um die Vitalfunktionen eines Patienten zu sichern und zu überwachen: Infusionen, EKG, Defibrillator, Beatmungsgerät, Intubationsbesteck, HWS-Schienen u.v.m. Fahrtrage und Tragestuhl werden durch Spezialgerät – exemplarisch seien Vakuummatratze oder Schaufeltrage genannt – ergänzt. Sofern ein Haus- oder Notarzt den Patienten während des Transportes begleitet, kann jeder RTW in einen NAW umfunktioniert werden. Die Besatzung besteht häufig aus einem Rettungsassistenten und einem Rettungssanitäter. Durch den massiven Kostendruck stehen immer mehr wirtschaftliche Überlegungen bei der Anschaffung und Ausstattung von Einsatzfahrzeugen im Mittelpunkt. Als Folge politischer Reformen zeichnet sich eine reduzierte und vereinheitliche Grundausstattung von Fahrzeugen bei einer erweiterten Palette von Fahrzeugtypen und Herstellern ab. Der entstehende Druck von internationaler Seite wirkt sich bereits in Form von flexibleren Angeboten der Aufbauhersteller in Deutschland aus.

Notarztwagen

Der Notarztwagen (NAW) ist an einer Klinik stationiert und dieser angeschlossen. Er ist mit einem Notarzt und zwei Rettungsassistenten oder auch Rettungssanitätern besetzt. Eine Sonderausstattung nach örtlichen Anforderungen ergänzt die RTW-ähnliche Ausrüstung. In einigen Bereichen gibt es einen speziell auf die Notfallversorgung von Säuglingen und Kleinkindern zugeschnittenen Babynotarztwagen. Der NAW wird gezielt bei schwersten Notfällen über die Leitstelle angefordert, da der NAW einerseits den Arzt zur Einsatzstelle bringt, aber andererseits auch speziell für Notfallpatienten gedacht ist, die während des Transportes ärztlicher Maßnahmen bedürfen. Da die Anzahl von Notarztwagen in einen Rettungsdienstbereich begrenzt ist, sollte der NAW möglichst bald nach einem Auftrag wieder einsatzbereit sein. Ein Vorzug des Notarztwagens gegenüber dem RTW liegt in dem oft großzügigeren Platzangebot, dem zusätzlichen Material und der damit verbundenen Möglichkeit der Versorgung von Notfallpatienten während der Fahrt.

Notarzteinsatzfahrzeug

Das Notarzteinsatzfahrzeug (NEF) ist ein PKW – wegen des vermehrten Platzangebotes oft ein Kombi –, der mit Notfallgeräten und Notfallkoffer ausgestattet ist. Dieses Fahrzeug kann direkt von einem Notarzt gefahren werden, am besten aber von einem Fahrer mit medizinischer Ausbildung (Rettungsassistent),

NEF und DRF-Helikopter beim Einsatz in Halle

NAW umfunktioniert werden. Der Vorteil dieses so genannten „Rendez-vous-Systems" liegt in der schnellen Verfügbarkeit des Notarztes nach dem Herstellen der Transportfähigkeit eines Patienten, denn die Praxis zeigt, dass für den überwiegenden Teil der Transporte nach einer Notfallmeldung eine Arztbegleitung nicht erforderlich ist. Ein anderer Vorzug besteht in der gegenüber einem NAW größeren Schnelligkeit und Wendigkeit des Fahrzeuges. Weiterhin kann durch ein NEF die Einsatzzeit des Notarztes reduziert und dadurch eine zeitlich verbesserte Versorgung der Bevölkerung erreicht werden. Daher wird zunehmend dazu übergegangen, eine flächendeckende notärztliche Versorgung mit Hilfe des NEF-Systems einzurichten. Zu dieser Tendenz hat zum einen die Kostenentwicklung im Gesundheitssystem, zum anderen aber auch die verbesserte Ausbildung des Rettungsdienstpersonals beigetragen.

Rettungshubschrauber RTH

Der Rettungshubschrauber (RTH) hat eine begrenzte Einsatzzeit – abhängig vom Tageslicht und entsprechendem Wetter – sowie einen in der Regel auf ca. 50 km begrenzten Einsatzradius. Die meisten RTH können nur auf Sicht fliegen und landen. Der RTH ist in erster Linie als schneller Zubringer für den Notarzt zur Einsatzstelle und in zweiter Linie für den Abtransport schwer erkrankter Patienten von der Einsatzstelle gedacht. Die grundsätzliche Ähnlichkeit zum oben beschriebenen Rettungsmittel NAW ist somit sehr deutlich. Auch für Sekundärtransporte von Intensivpatienten über weitere Strecken kann der Hubschrauber eingesetzt werden. Ausschlaggebend für die Wahl zwischen RTH und NAW/NEF als Arztzubringer ist der Zeitfaktor. Es ist gängige Praxis, zusätzlich zum RTH einen RTW zur Einsatzstelle zu entsenden. Dies ist jedoch nicht zwingend notwendig, da die Crew natürlich durchaus in der Lage ist, den Patienten mit der vorhandenen Technik eigenständig zu versorgen.

der den Notarzt zum Notfallort bringt. Der Standort eines NEFs muss nicht bei der Klinik sein, der Arzt kann auch von unterwegs aus aufgenommen werden. Das NEF ist als reiner Zubringer zur Einsatzstelle gedacht. Daher muss für den Fall eines Transports ein weiteres geeignetes Rettungsmittel – in der Regel ein RTW – eingesetzt werden. Dieser kann dann den Patienten übernehmen oder durch die Mitnahme des Notarztes in einen

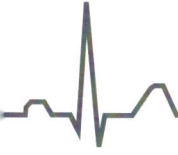

DIE BETREIBER VON
RETTUNGSHUBSCHRAUBERN

DIE OPERATOR DER STÄHLERNEN ENGEL

Fünf große Organisationen beziehungsweise Betreiber zeichnen sich zur Zeit für die Durchführung der Luftrettung verantwortlich, wobei die Bundeswehr sich in der nächsten Zeit aus dem zivilen Luftrettungsdienst zurückziehen wird. Lediglich die Luftrettungszentren in Hamburg, „Christoph 29" (SAR 71) und Neustrelitz „Christoph 48" (SAR 93) werden von der Bundeswehr gegenwärtig noch betrieben. In der Vergangenheit wurden immer mehr Betreiberstationen aus staatlicher Hand in die Obhut privater Organisationen gegeben. Noch vor einigen Jahren stellte das Bundesinnenministerium das Gros der Stützpunkte, in letzter Zeit wurden aber aus den unterschiedlichsten Gründen die Stationen an die ADAC Luftrettung GmbH oder an die Deut-

sche Rettungsflugwacht e.V. abgetreten. Heute hält die ADAC Luftrettung GmbH den größten Anteil der Primärstandorte. Der wachsende Kostendruck und die Haushaltslage der Bundesregierung wird in den kommenden Jahren vermutlich noch weitere Betreiberwechsel an den Stützpunkten nach sich ziehen.

Unverzichtbarer Partner für die steigende Zahl der Intensivverlegungen mittels Hubschrauber sind die Operator aus dem TEAM DRF, der größten europäischen Luftrettungsallianz. Der Vollständigkeit halber muss man überdies erwähnen, dass auch einige kleinere Unternehmen, zum Beispiel „Elbe Helicopter" in Bautzen oder „Teuto-Air" in Bielefeld einzelne Standorte betreiben.

LUFTRETTUNG IN TRÄGERSCHAFT DES BUNDESINNENMINISTERIUMS: DIE ROLLE DER ZIVILSCHUTZ-HUBSCHRAUBER

Auf die große Bedeutung des Bundesinnenministeriums bei der Gestaltung des Aufbaus des Deutschen Luftrettungsnetzes wurde im Vorfeld bereits intensiv eingegangen. Dass die Politik hier wesentliche Hilfestellung leistete, ist sicherlich ein großer Verdienst der Björn Steiger Stiftung sowie des ADAC. Siegfried Steiger und Franz Stadler (der damalige Vize-Präsident des Automobilclubs) überzeugten durch fachlich fundierte und äußerst hartnäckige Argumentation die verantwortlichen Politiker, die letztendlich auch durch die positiven Ergebnisse des Münchner Modells den Ausbau befürworteten.

SAR 71, Hamburg

Der Staat diskutierte am Anfang des Ausbaus immer wieder die Frage der Investitionskosten. Um eine Finanzierung unabhängig vom Verteidigungshaushalt durchführen zu können, bediente man sich des „Gesetzes zur Durchführung des erweiterten Katastrophenschutzes". Die vom BMI eingesetzten Helikopter dienten von Anfang an – und daran hat sich bis heute nichts geändert – als Ausrüstungsgegenstände, die den Bundesländern durch den Bund für Aufgaben zur Bewältigung des Kata-

STÜTZPUNKTE DES BMI, BETRIEBEN DURCH DIE BUNDESPOLIZEI

Funkrufname	Standort	Bundesland	Hubschraubermuster	Hubschrauber-Führer
Christoph 2	Frankfurt am Main	Hessen	Eurocopter BO 105 - CBS	Fliegerstaffel Mitte
Christoph 3	Köln	Nordrhein-Westfalen	Eurocopter BO 105 - CBS	Fliegerstaffel West
Christoph 4	Hannover	Niedersachsen	Eurocopter BO 105 - CBS	Fliegerstaffel Nord
Christoph 5	Ludwigshafen	Rheinland-Pfalz	Eurocopter BO 105 - CBS	Fliegerstaffel Süd
Christoph 7	Kassel	Hessen	Eurocopter BO 105 - CBS	Fliegerstaffel Mitte
Christoph 9	Duisburg	Nordrhein-Westfalen	Eurocopter BO 105 - CBS	Fliegerstaffel West
Christoph 12	Eutin	Schleswig-Holstein	BELL 212	Fliegerstaffel Nord
Christoph 13	Bielefeld	Nordrhein-Westfalen	Eurocopter BO 105 - CBS	Fliegerstaffel Nord
Christoph 14	Traunstein	Bayern	Eurocopter BO 105 - CBS	Fliegerstaffel Süd
Christoph 17	Kempten	Bayern	Eurocopter BO 105 - CBS	Fliegerstaffel Süd
Christoph 34	Güstrow	Mecklenburg-Vorpommern	BELL 212	Fliegerstaffel Nord
Christoph 35	Brandenburg	Brandenburg	Eurocopter BO 105 - CBS	Fliegerstaffel Ost
Christoph 36	Magdeburg	Sachsen-Anhalt	Eurocopter BO 105 - CBS	Fliegerstaffel Nord
Christoph 37	Nordhausen	Thüringen	Eurocopter BO 105 - CBS	Fliegerstaffel Mitte
Christoph 38 (mit DRF)	Dresden	Sachsen	Eurocopter BO 105 - CBS	Fliegerstaffel Ost

strophenschutzes zur Verfügung gestellt wurden. Auf der gleichen Basis wurden auch die Fahrzeuge des Technischen Hilfswerkes, des erweiterten Sanitätsdienstes und der freiwilligen Feuerwehren beschafft. Die Bundesländer wiederum stellten diesen Fuhrpark den tätigen Hilfsorganisationen zur Verfügung, die dessen Einsatzbereitschaft sicherstellten.

Die Anschaffung der Maschinen konnte mit der eventuell wahrzunehmenden Führungs- und Aufklärungsarbeit aus der Luft begründet werden sowie mit der Option, im Einsatzfall Spezialgerät ohne Zeitverlust in unwegsames Gelände transportieren zu können. Somit hatte man gegenüber dem Haushaltsausschuss eine gezielte Rechtfertigung zur Finanzierung des Systems gefunden. Insgesamt unterhielt das BMI bis zum Jahre 1996 im gesamten Bundesgebiet 22 Luftrettungsstützpunkte. Mitte 1995 beschloss das Bundesministerium des Innern, die Anzahl seiner Stützpunkte um sechs Stationen zu reduzieren, wobei es in keinem Fall zur Stationsschließung kam. Die betroffenen sechs Standorte wurden schrittweise in die private Trägerschaft der DRF e.V. (zwei Stationen) oder der ADAC Luftrettung GmbH (vier Stationen) entlassen. Die bislang eingesetzten Hubschrauber des Typs BO 105 CB wurden sukzessive gegen die gestreckte und leistungsstärkere Version der EC BO 105 CBS-5 Superfive ausgetauscht, beziehungsweise technisch im Rahmen der Grundüberholung dort hingehend modifiziert.

Die vereinzelt zum Einsatz gekommenen Muster der Bell UH-1D wurden außer Dienst gestellt. Das Innenministerium unterhält derzeit 16 Stützpunkte, wobei der Bund die Piloten, das technische Perso-

Christoph 17 des BMI (Kempten) beim gemeinsamen Einsatz mit der Bergwacht in den Allgäuer Alpen

nal sowie die Ersatzmaschinen mit allen damit verbundenen Wartungsarbeiten kostenlos zur Verfügung stellt. Um in naher Zukunft die neuen europäischen Richtlinien zum Einsatz von Hubschraubern im Luftrettungsdienst gemäß der europäischen Luftfahrtrichtlinien JAR OPS 3 und JAR 27/29 gewährleisten zu können, wird die Flotte der Zivilschutz-Hubschrauber vermutlich nach und nach durch die Einführung des neuen Hubschraubers EC 135 ersetzt werden.

LUFTRETTUNG IN TRÄGERSCHAFT DER DRF: DIE RETTUNGS- UND INTENSIV-TRANSPORTHUBSCHRAUBER DER DEUTSCHEN RETTUNGSFLUGWACHT E.V.

Am 21. März 1973 nahm auf Initiative der Björn Steiger Stiftung die DRF als erste zivile Luftrettungsorganisation mit der Station Stuttgart Luftrettung auf eigenes Kostenrisiko auf. Heute, über 30 Jahre später, bildet die DRF gemeinsam mit ihren Partnern in Deutschland, Österreich und neuerdings auch in Italien eine der weltweit größten Luftrettungsallianzen, das „TEAM DRF". 42 Luftrettungszentren sorgen mit einer Flotte von mehr als 50 Hubschraubern für rasche und zuverlässige Hilfe aus der Luft.

Am 3. Mai 1969 mussten Ute und Siegfried Steiger aus Winnenden in Baden-Württemberg auf schmerzliche Weise erfahren, dass die Rettung von Menschenleben eher von Zufällen geprägt war, als von professioneller Logistik und Technik, wie sie heute selbstverständlich geworden ist. Sie verloren ihren achtjährigen Sohn Björn bei einem tragischen Verkehrsunfall, als dieser auf dem Heimweg bei plötzlich einsetzendem Regen von

STÜTZPUNKTE DER DEUTSCHEN RETTUNGSFLUGWACHT DRF E.V.

Funkrufname	Standort	Bundesland	Hubschraubermuster	Hubschrauber-Führer
Christoph 11	Vill.-Schwenningen	Baden-Württemberg	Eurocopter BO 105 - CBS	Flugbetrieb DRF e.V.
Christoph 18	Ochsenfurt	Bayern	Eurocopter EC 135	Flugbetrieb DRF e.V.
Christoph 27	Nürnberg	Bayern	Eurocopter BK 117	Flugbetrieb DRF e.V.
Christoph 38 (mit BMI)	Dresden	Sachsen	Eurocopter BO 105 - CBS	Fliegerstaffel Ost
Christoph 41	Leonberg	Baden-Württemberg	Eurocopter EC 135	Flugbetrieb DRF e.V.
Christoph 42	Rendsburg	Schleswig-Holstein	Eurocopter BK 117	Flugbetrieb DRF e.V.
Christoph 43	Karlsruhe	Baden-Württemberg	Eurocopter BO 105 - CBS	Flugbetrieb DRF e.V.
Christoph 44	Göttingen	Niedersachsen	Eurocopter BO 105 - CBS	Flugbetrieb DRF e.V.
Christoph 45	Friedrichshafen	Baden-Württemberg	Eurocopter BO 105 - CBS	Flugbetrieb DRF e.V.
Christoph 46	Zwickau	Sachsen	Eurocopter BO 105 - CBS	Flugbetrieb DRF e.V.
Christoph 47	Greifswald	Mecklenburg-Vorpommern	Eurocopter BK 117	Flugbetrieb DRF e.V.
Christoph 49	Bad Saarow	Brandenburg	Eurocopter BK 117	Flugbetrieb DRF e.V.
Christoph 51	Stuttgart	Baden-Württemberg	Eurocopter BK 117	Flugbetrieb DRF e.V.
Christoph 53	Mannheim	Baden-Württemberg	Eurocopter BK 117	Flugbetrieb DRF e.V.
Christoph 54	Freiburg	Baden-Württemberg	Eurocopter BK 117	Flugbetrieb DRF e.V.
Christoph 60	Suhl	Thüringen	Eurocopter EC 135	Flugbetrieb DRF e.V.
Christoph Europa 5	Niebüll	Schleswig-Holstein	Eurocopter BK 117	Flugbetrieb DRF e.V.
RK N'sachsen 85-81	Bremen	Bremen	Eurocopter BK 117	Flugbetrieb DRF e.V.

einem PKW erfasst wurde. Über eine Stunde verging, bis der Krankenwagen an der Unfallstelle eintraf. Für Björn war es eine Stunde zu spät – er starb auf dem Weg ins Krankenhaus an den Folgen seines Schocks. Als sich die Steigers durch dieses Ereignis intensiver mit der damaligen Gesamtsituation des Rettungsdienstes auseinander setzten, stellten sie fest, dass es sich bei der Wartezeit auf ein Rettungsmittel nicht um eine unglückliche

Ausnahme, sondern um den Regelfall handelte. Es gab weder eine adäquate personelle Besetzung der Rettungsdienste, noch eine einheitliche Notrufnummer oder gar Funkkommunikation zwischen Einsatzfahrzeug und Leitstelle. Die Steigers verfolgten von nun an das Ziel, dem Unfalltod auf deutschen Straßen Einhalt zu gebieten und gründeten noch im Mai 1969 die Björn Steiger Stiftung e.V., mit dem Wunsch, die Rettungskette zu be-

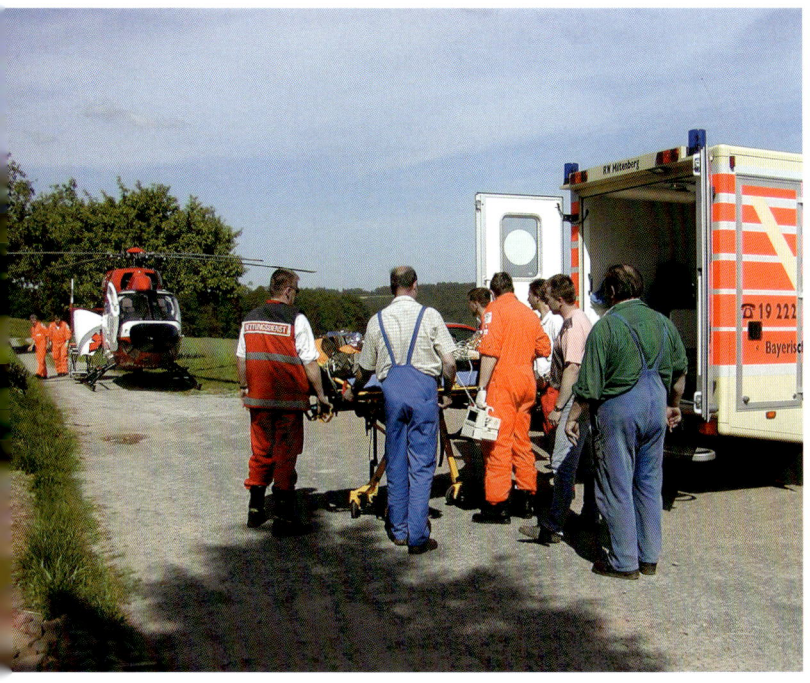 

Vorbereitung zum Abflug: Nach der Versorgung im RTW übernimmt die BK 117 der DRF den Transport ins Krankenhaus

schleunigen, die Qualität des Rettungsdienstes zu erhöhen und Notrufmeldeeinrichtungen aufzustellen.

Die misslichen Umstände ließen Siegfried Steiger und seine Stiftung schon nach kurzer Zeit erkennen, dass eine Ergänzung des Bodenrettungsdienstes durch Unterstützung aus der Luft mehr als nur sinnvoll erschien. Siegfried Steiger versuchte zunächst, zur Erweiterung des noch jungen Luftrettungssystems Partner für dessen Finanzierung zu gewinnen. Aber der spätere ADAC-Präsident Franz Stadler lehnte eine finanzielle Beteiligung ebenso ab, wie der DRK-Präsident Bargatzky. Der ADAC war damals der Meinung, zivile Luftrettung sei ein unfinanzierbares Fass ohne Boden.

Aus Spendenmitteln finanzierte die Björn Steiger Stiftung im August 1972 eine MBB BO 105 für die zivile Luftrettung des Bundesinnenministeriums. Um Luftrettung von nun an auf eigenes Risiko dauerhaft betreiben zu können, wurde am 6. September des gleichen Jahres auf Initiative der Björn Steiger Stiftung die DRF (Deutsche Rettungsflugwacht e.V.) gegründet. Am 19. März 1973, rund sechs Monate nach ihrer Gründungssitzung, nahm die DRF das erste Luftrettungszentrum in Stuttgart mit einem eigenen Hubschrauber in Betrieb.

Da es von Beginn an ein großes Ziel war, den Rettungseinsatz unabhängig von der Zusicherung der Kostenerstattung durchzuführen, orientierte sich die DRF an der Schweizerischen

Rückholdienst: Learjet 35 der DRF

Rettungsflugwacht (REGA), die – wie die DRF – eine Fördermitgliedschaft vorgesehen hatte, um die Kosten für den Rettungseinsatz ausgleichen zu können.

Zu Beginn startete die DRF mit einer gecharterten Alouette III, da nicht genügend Geld für die Beschaffung und Instandhaltung eigener Maschinen vorhanden war. Sie war am Kreiskrankenhaus in Böblingen stationiert. Um den Widerständen des Bodenrettungsdienstes entgegenzutreten, erklärte sich die DRF bereit, die entstandenen Kosten für die Leerfahrten zu übernehmen, um den vermeintlichen Konkurrenzgedanken in Bezug auf die Luftrettung gering zu halten.

Dies gelang wahrlich nicht immer. Es dauerte eine ganze Weile, bis alle Rettungsdienste und auch die politischen Entscheidungsträger von der Notwendigkeit des neuen Rettungsmittels Hubschrauber überzeugt waren. Im Jahr 1975 erweiterte die DRF ihre Aufgabe: In Karlsruhe und in Rendsburg wurden zwei weitere Hubschrauber in Dienst gestellt. 1980 vergrößerte die DRF ihre Flotte und stellte weitere Hubschrauber für den Rettungsdienst ab – in Friedrichshafen und Göttingen. Da nun allein in Baden-Württemberg fünf Rettungszentren der DRF vorhanden waren, entstand hier der geografische Schwerpunkt. Neben eines Bell Long Rangers waren bis zu diesem Zeitpunkt alle Ma-

INTENSIVTRANSPORTHUBSCHRAUBER DER HSD HUBSCHRAUBERSONDERDIENST FLUGBETRIEBS GMBH

Funkrufname	Standort	Bundesland	Hubschraubermuster	Hubschrauber-Führer
Christoph Niedersachsen	Hannover	Niedersachsen	MD 900 Explorer	HSD Flugbetriebs GmbH & Co. KG
Christoph Sachsen-Anhalt	Oppin	Sachsen-Anhalt	Eurocopter BK 117	HSD Flugbetriebs GmbH & Co. KG
Florian Unna 0-84-1	Dortmund	Nordrhein-Westfalen	BELL 222	HSD Flugbetriebs GmbH & Co. KG
RK Göttingen 30-2	Harste	Niedersachsen	BELL 222	HSD Flugbetriebs GmbH & Co. KG

INTENSIVTRANSPORTHUBSCHRAUBER DER HDM FLUGSERVICE GMBH

Funkrufname	Standort	Bundesland	Hubschraubermuster	Hubschrauber-Führer
Christoph München	München	Bayern	Eurocopter EC 145	HDM Flugservice GmbH
Christoph Nürnberg	Nürnberg	Bayern	BELL 412	HDM Flugservice GmbH
Christoph Regensburg	Regensburg	Bayern	Eurocopter BK 117	HDM Flugservice GmbH
Christoph Thüringen	Bad Berka	Thüringen	BELL 412	HDM Flugservice GmbH
ITH Berlin	Berlin	Berlin	BELL 412	HDM Flugservice GmbH

schinen vom Typ MBB BO 105. Die DRF baute ihre Flotte ständig aus und somit stieg auch die Zahl der Luftrettungsstützpunkte weiter kontinuierlich an.

Mitte der achtziger Jahre entstehen nicht nur weitere Primärzentren für die Luftrettung, auch installiert die DRF so genannte „Sekundärstationen" zur Verlegung von Intensivpatienten. Überwiegend bediente man sich hier der BK 117, die als leistungsfähiger Hubschrauber auch über ein optimales Platzangebot für diesen Aufgabenbereich verfügt. Um die Wartung der anwachsenden Hubschrauberflotte reibungslos durchführen zu können, gründete man 1980 einen eigenen luftfahrttechnischen Betrieb in Baden-Baden. Auf diese Weise erreichte man eine deutliche Kostenreduzierung im Wartungsbereich und steigerte die technische Flexibilität, so dass der Flugbetrieb permanent aufrecht-

erhalten werden konnte. Dazu kam die Entwicklung eines Technikfahrzeuges, so dass die bislang teuren Überführungsflüge zu den Werften minimiert wurden. Eine weitere Außenstelle für die technische Überprüfung und Wartung der Hubschrauber wurde 1985 in Hartenholm etabliert.

Die DRF beschäftigt derzeit rund 70 festangestellte Piloten, die zumeist ihre fliegerische Ausbildung beim Bundesgrenzschutz oder der Bundeswehr absolviert haben. Durch ihre Erfahrung von mindestens 2.000 Flugstunden auf Hubschraubern kann zu Recht behauptet werden, dass es sich um echte Profis der Lüfte handelt. Jeder Pilot erhält eine Einweisung auf den spezifischen Hubschraubertyp, den er künftig fliegen wird: das so genannte „Rating". Neben dem Erwerb der entsprechenden Ratings gehören regelmäßige Weiterbildungen, wie zum Beispiel

INTENSIVTRANSPORTHUBSCHRAUBER DER ROTORFLUG GMBH

Funkrufname	Standort	Bundesland	Hubschraubermuster	Hubschrauber-Führer
Akkon Rostock 15-84-01	Rostock	Mecklenburg-Vorpommern	Agusta A 109	Rotorflug GmbH

Tiefflug- oder Windentraining zum Pflichtprogramm. Als einzige deutsche Luftrettungsorganisation beschäftigt die DRF eigene Rettungsassistenten, die ebenfalls über langjährige Erfahrung verfügen müssen, bevor es zu einer Festanstellung durch die DRF kommt. Alle Assistenten durchlaufen eine Ergänzungsausbildung, die sie für den Einsatz im Luftrettungsdienst besonders qualifiziert.

Gemeinsam mit dem Sozialministerium in Baden-Württemberg entwickelte die DRF 1996 ein besonderes Informationssystem für Gefahrstoffunfälle, das MEDITOX-Sytem. Unter Zuhilfenahme dieser Datenbank erhalten Führungskräfte und Notärzte im Einsatzfall schnelle und kompetente Beratung über die Gefährlichkeit und Toxizität eines Gefahrstoffes.

Seit August 2004 ist die DRF e.V. gemäß DIN EN ISO 9001/9002 zertifiziert. Sie ist damit eine der ersten Organisationen der Luftrettung die im Ganzen und nicht nur in einzelnen Teilen zertifiziert wurde. Als innovatives Unternehmen beteiligt sich die Deutsche Rettungsflugwacht e.V. immer wieder führend an Entwicklungsprojekten, die dem Rettungsdienst entscheidende Impulse verleihen. So ist es nicht weiter verwunderlich, dass es die Filderstädter waren, die die Erforschung von Sonographiegeräten für den Rettungsdienst nach vorne trieben und somit die Diagnostik im Rettungsdienst maßgeblich verbesserten. Die wesentlichen Entwicklungen der Luftrettung sieht die DRF in der künftigen Organisation der Notfallversorgung, der Ausdehnung der Primärrettung auf die Nachtstunden sowie der Anwendung telemedizinischer Techniken. Es wird daher ein besonderes Bestreben der Schwaben sein, die Nachtflugbedingungen erheblich zu verbessern und dadurch die Dienstleistung der Luftrettung 24 Stunden am Tag zu erbringen.

Abflug eines ITH von HDM,
einem Partner aus dem TEAM DRF

schaft vorhalten. Aber nicht nur in der Hubschrauberrettung ist die DRF aktiv – auch die weltweite Rückführung von erkrankten Patienten mit mittlerweile vier Ambulanzflugzeugen gehört zum Tagesgeschäft der Rettungsallianz. Insgesamt beschäftigt das TEAM 180 Piloten, 700 Notärzte, 500 Rettungsassistenten und 80 Fluggerätemechaniker. Die Hubschraubertypen des Teams sind so vielfältig wie ihre Aufgaben: BO 105 CBS, BK 117, EC 135, EC 145, MD 900, Bell 222, Bell 412 und Agusta 109 kommen zum Einsatz. Für den globalen Rückholdienst bedient man sich der Flugzeugtypen Learjet 35 A, und Beech 200 Kingair. Bis heute ist auch die Zahl der Wartungsstützpunkte erheblich gestiegen, um die Flotte regelmäßig auf den neuesten Stand der Technik zu bringen. Im DRF-Operation-Center am Baden-Air-park sowie in den JAR 145-Werften in Friedrichsdorf und Nürnberg werden alle Ambulanzjets und Hubschrauber von eigenen Fluggerätemechanikern gewartet. 80 Techniker des TEAMs DRF sorgen für höchste Sicherheit.

EUROPÄISCHE LUFTRETTUNGSALLIANZ:
DAS TEAM DRF

Durch ihren starken Flottenverband können die Partner des TEAM DRF annähernd jede notfallmedizinische Aufgabe lösen. Zum Flottenverband gehören verschiedene Partnerfirmen in Deutschland: die „Hubschrauber-Sonder-Dienst Flugbetriebs GmbH & Co. KG" (HSD), die „HDM Flugservice GmbH" und die „Rotorflug GmbH". Aus dem europäischen Ausland haben sich die in Österreich ansässige „ARA-Flugrettungs GmbH" sowie das italienischen Unternehmen „Helitalia S.p.A." der Teamgemeinschaft angeschlossen. Die Verbundpartner kommen auf einen Flottenbestand von über 50 Hubschraubern an 42 Luftrettungszentren, wobei neun Standorte eine 24-stündige Einsatzbereit-

DIE ARA-FLUGRETTUNGS GMBH:
TEAM DRF MITGLIED IN ÖSTERREICH

Im Jahr 2001 entstand in Österreich ein neues Mitglied der Luftrettungsallianz TEAM DRF. Die ARA, ein Tochterunternehmen der DRF, stellt derzeit zwei Luftrettungszentren mit Primärhubschraubern in Reutte/Tirol sowie in Fresach/Kärnten. Als erster Standort wurde Fresach ins Leben gerufen. Nachdem in einigen Regionen des Alpenlandes strukturelle Änderungen des Notarztsystems erforderlich waren, erklärte sich die ARA bereit, das Notarztsystem im Bezirk Reutte mit einem Notarzthubschrauber, bei schlechten Witterungsbedingungen mit einem Notarzteinsatzfahrzeug, zu gewährleisten. Die ARA steht in ihren selbst gesteckten und gesetzlich vorgeschriebenen Qualitätsansprüchen der DRF in nichts nach. Besonders erfahrene Piloten sind für den

RETTUNGSHUBSCHRAUBER DER ARA-FLUGRETTUNGS GMBH

Funkrufname	Standort	Bundesland	Hubschraubermuster	Hubschrauber-Führer
RK 1	Fresach	Kärnten / Österreich	Eurocopter BK 117	Flugbetrieb DRF e.V.
RK 2	Reutte	Tirol / Österreich	Eurocopter BK 117	Flugbetrieb DRF e.V.

alpinen Einsatz, mit den sich schlagartig änderndern Witterungsbedingungen und den oft aufwendig verlaufenden Rettungseinsätzen mit der Außenwinde, unabdingbar.

Die ARA führt neben Rettungseinsätzen mit der Winde in Kärnten auch das Fixtauverfahren in Tirol durch. Unterstützung bekommt die medizinische Crew dabei von Bergrettern. Durch diese personelle Ergänzung und regelmäßige Schulungen im Bereich der Winden- und Fixtaurettung trägt die ARA-Flugrettungs GmbH den besonderen Anforderungen der alpinen Rettung Rechnung.

LUFTRETTUNG IN TRÄGERSCHAFT DES ALLGEMEINEN DEUTSCHEN AUTOMOBIL CLUBS – DIE ADAC LUFTRETTUNG GMBH

Funkrufname	Standort	Bundesland	Hubschraubermuster	Hubschrauber-Führer
Christoph 77	Mainz	Rheinland-Pfalz	Eurocopter EC 145	Flugbetrieb ADAC Luftrettung GmbH
Christoph Europa 1	Würselen	Nordrhein-Westfalen	Eurocopter EC 135	Flugbetrieb ADAC Luftrettung GmbH
Christoph Europa 2	Rheine	Nordrhein-Westfalen	Eurocopter EC 135	Flugbetrieb ADAC Luftrettung GmbH
Christophorus Europa 3	Suben	Österreich	Eurocopter BO 105	Flugbetrieb ADAC Luftrettung GmbH
Christoph Rheinland	Köln	Nordrhein-Westfalen	Eurocopter BK 117	Flugbetrieb ADAC Luftrettung GmbH
Christoph Westfalen	Münster/Osnabrück	Nordrhein-Westfalen	Eurocopter BK 117	Flugbetrieb ADAC Luftrettung GmbH
Christoph Brandenbg.	Senftenberg	Brandenburg	Eurocopter EC 145	Flugbetrieb ADAC Luftrettung GmbH
Christoph Murnau	Murnau	Bayern	Eurocopter BK 117	Flugbetrieb ADAC Luftrettung GmbH
Christoph Hansa	Hamburg	Hamburg	Eurocopter EC 135	Flugbetrieb ADAC Luftrettung GmbH

RETTUNGS- UND INTENSIVTRANSPORTHUBSCHRAUBER DER ADAC LUFTRETTUNG GMBH

Funkrufname	Standort	Bundesland	Hubschraubermuster	Hubschrauber-Führer
Christoph 1	München	Bayern	Eurocopter BK 117	Flugbetrieb ADAC Luftrettung GmbH
Christoph 6	Bremen	Bremen	Eurocopter BK 117	Flugbetrieb ADAC Luftrettung GmbH
Christoph 8	Lünen	Nordrhein-Westfalen	Eurocopter EC 135	Flugbetrieb ADAC Luftrettung GmbH
Christoph 10	Wittlich	Rheinland-Pfalz	Eurocopter EC 135	Flugbetrieb ADAC Luftrettung GmbH
Christoph 15	Straubing	Bayern	Eurocopter EC 135	Flugbetrieb ADAC Luftrettung GmbH
Christoph 16	Saarbrücken	Saarland	Eurocopter EC 135	Flugbetrieb ADAC Luftrettung GmbH
Christoph 19	Uelzen	Niedersachsen	Eurocopter EC 135	Flugbetrieb ADAC Luftrettung GmbH
Christoph 20	Bayreuth	Bayern	Eurocopter EC 135	Flugbetrieb ADAC Luftrettung GmbH
Christoph 22	Ulm	Baden-Württemberg	Eurocopter BK 117	Flugbetrieb ADAC Luftrettung GmbH
Christoph 23	Koblenz	Rheinland - Pfalz	Eurocopter EC 135	Flugbetrieb ADAC Luftrettung GmbH
Christoph 25	Siegen	Nordrhein - Westfalen	Eurocopter EC 135	Flugbetrieb ADAC Luftrettung GmbH
Christoph 26	Sanderbusch	Niedersachsen	Eurocopter BK 117	Flugbetrieb ADAC Luftrettung GmbH
Christoph 28	Fulda	Hessen	Eurocopter EC 135	Flugbetrieb ADAC Luftrettung GmbH
Christoph 30	Wolfenbüttel	Niedersachsen	Eurocopter EC 135	Flugbetrieb ADAC Luftrettung GmbH
Christoph 31	Berlin	Berlin	Eurocopter EC 135	Flugbetrieb ADAC Luftrettung GmbH
Christoph 32	Ingolstadt	Bayern	Eurocopter BK 117	Flugbetrieb ADAC Luftrettung GmbH
Christoph 33	Senftenberg	Brandenburg	Eurocopter BO 105	Flugbetrieb ADAC Luftrettung GmbH
Christoph 70	Jena	Thüringen	Eurocopter EC 135	Flugbetrieb ADAC Luftrettung GmbH

Zwischen 1974 und 1979 betrieb der ADAC keine eigenen Luftrettungsstützpunkte mehr in Deutschland. Dennoch war dem Club sehr daran gelegen, die Ausbildung für das im Luftrettungsdienst eingesetzte Fachpersonal auszubauen und zu standardisieren. So gab der ADAC 1978 erstmals Ausbildungsrichtlinien für die im Luftrettungsdienst eingesetzten Rettungssanitäter und Notärzte heraus. Zehn Jahre nach Beginn des Aufbaus eines Luftrettungsnetzes begann der ADAC seine RTH-Fachtagungen zu erweitern und zu globalisieren. So kam es 1980 zum ersten Weltkongress für Luftrettung in München. Die positiven Erfahrungen der vorangegangenen RTH-Tagungen spiegelten sich auch hier wider, so dass der Kongress in den folgenden Jahren weiter ausgebaut wurde und heute alle drei bis vier Jahre in einem anderen Land der Erde als internationaler Luftrettungskongress tausende von Besuchern aus der gesamten Fachwelt zusammenführt.

Die aktive Zeit zum Wiedereinstieg in die Luftrettung kam für den ADAC 1979. Die Standorte der Zivilschutzhubschrauber Ochsenfurt und Villingen-Schwenningen wurden mit zwei gecharterten BO 105 übergangsweise vom Club betrieben. Die Führungsriege des ADAC war sich sehr schnell darüber im Klaren, dass ein flächendeckender Ausbau des Netzes nur weiter vorangetrieben werden könnte, wenn der ADAC sich selbst mit weiteren Maschinen in der Luftrettung engagieren würde. Die nächsten Stationen mit eigenen „gelben Engeln" waren „Christoph 20" in Bayreuth, der im November 1981 aufstieg, gefolgt im Januar 1982 von „Christoph 25", der in Siegen stationiert wurde. Ab diesem Moment war dem ADAC klar, dass es sich ohne Zweifel lohnen würde, die noch vorhandenen Lücken zu schließen und weitere RTH-Stationen zu eröffnen.

Um das Ziel eines flächendeckenden Systems zu unterstreichen, wurde die als gemeinnützig anerkannte ADAC Luftrettung GmbH als Tochtergesellschaft des ADAC Mitte 1982 gegründet. Die Experten der neu gegründeten Gesellschaft setzten das hoch gesteckte Ziel derart gerichtet in die Tat um, dass bis zum Jahr 2000 sechzehn Stützpunkte in Deutschland von der ADAC Luft-

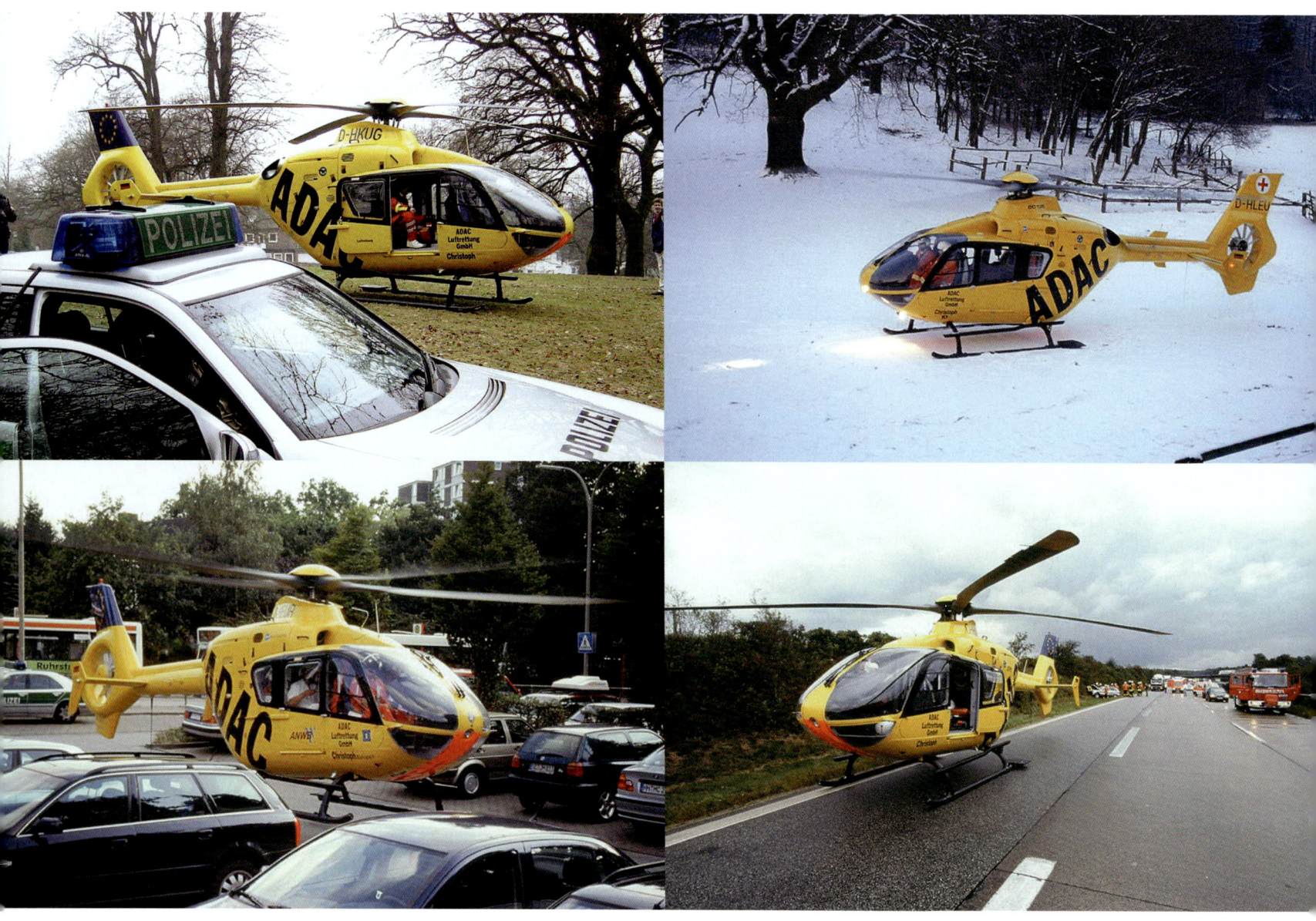

Ob im Park, auf der schneebedeckten Bergwiese, am Einkaufszentrum oder auch auf der Autobahn: „Gelbe Engel" retten (fast) überall.

rettung GmbH betrieben wurden. Die Gesellschaft baute neun Stationen eigenständig auf, vier Stationen, die in früheren Jahren vom BMI betrieben wurden, gingen in die Obhut des ADAC über und drei Standorte der Bundeswehr übernahm ebenfalls die GmbH. Zusätzlich wurden bis 1998 vier weitere Stationen gegründet, die in erster Linie zum Ausbau des Netzes der Sekundärluftrettung dienten. Diese Hubschrauber sollen Intensivverlegungsflüge im Rahmen von Interhospitaltransfers durchführen und wurden an verschiedenen Schwerpunktkliniken bereitgestellt. Stationiert sind die Helikopter in Senftenberg, Mainz und Hamburg. Durch die Eröffnung der Standorte Murnau, Münster und Köln wuchs bis 2002 auch die Sekundärflotte des ADAC stetig an. Mittlerweile gilt die ADAC Luftrettung GmbH als größter eigenständiger Hubschrauber-Operator in Deutschland, der neben der Durchführung der Primär- und Sekundärrettung auch zahlreiche Verwaltungsaufgaben, wie zum Beispiel einen Teil des Abrechnungswesens für die Zivilschutzhubschrauber, übernimmt. Rückwirkend betrachtet hat der ADAC die Entwicklung des deutschen Luftrettungsdienstes in erheblichem Maße geprägt und es zu dem gemacht was es heute ist: Ein leistungsstarkes Netz aus mehreren Kooperationspartnern.

EIN BAYERISCHER VEREIN AKTIV IN OSTDEUTSCHLAND: LUFTRETTUNG DER INTERNATIONALEN FLUGAMBULANZ E.V. - IFA

Im fränkischen Röttenbach bei Nürnberg wurde im Dezember 1980 die Internationale Flugambulanz e.V. (IFA), gegründet. Bis 1989 operierte die Internationale Flugambulanz nur mit geringem Erfolg. Der Verein war lediglich im Bereich der Auslandsrückholung und des Ambulanzflugdienstes tätig. Im Rahmen ihrer vereinsinternen Neustrukturierung und der Neuwahl des Gesamtvorstandes im Mai 1989 sollte das Aufgabengebiet, geführt von einem neuen Management, erweitert werden. Obwohl die anderen am Luftrettungsdienst beteiligten Hilfsorganisationen die IFA anfänglich eher skeptisch betrachteten, schlug

RETTUNGS- UND INTENSIVTRANSPORTHUBSCHRAUBER DER INTERNATIONALEN FLUGAMBULANZ IFA E.V.

Funkrufname	Standort	Bundesland	Hubschraubermuster	Hubschrauber-Führer
Christoph 61	Leipzig	Sachsen	Eurocopter EC 135	Heli-Travel-Munich München
Christoph Leipzig	Leipzig	Sachsen	Eurocopter EC 135	Heli-Travel-Munich München

letztere ihren Weg in die „neuen Bundesländer" ein und versuchte sich unmittelbar nach der Wende in das bestehende Rettungsdienstsystem der DDR zu integrieren.

Die Internationale Flugambulanz war die erste Luftrettungsorganisation, die sich eine allgemeine Fluggenehmigung für das Lufthoheitsgebiet der DDR gesichert hatte. Auf Grund dieser Tatsache kam es am 2. April 1990 auf dem Gebiet der ehemaligen DDR zur ersten Indienststellung eines deutsch-deutschen Rettungshubschraubers. Der Helikopter, eine rot-weiß lackierte BK 117 mit dem Funkrufnamen „Christoph Leipzig", wurde an einem ehemaligen NVA-Lazarett – dem späteren Bundeswehrkrankenhaus – stationiert. Von hier aus startete der RTH zu seinen Einsätzen in einem Radius von etwa 100 Kilometern. Somit setzte die Internationale Flugambulanz den Grundstein für den Aufbau der Luftrettung im Raum Leipzig-Halle. Anfänglich musste auch die IFA im Rahmen ihrer Aufbauarbeit feststellen, dass die notwendige Akzeptanz bei den Rettungsleitstellen noch nicht vorhanden war. Das Rettungsdienstsystem der DDR kannte das Rettungsmittel Hubschrauber bis dato nicht; nur schwer konnte man die Disponenten für das neue Luftrettungsmittel und dessen Notwendigkeit sensibilisieren. Erschwerend kam hinzu, dass ein Refinanzierungssystem durch etwaige Kostenträger (z.B. Krankenkassen) für den Rettungshubschrauber unbekannt war, so dass die IFA hier in finanzielle Vorleistung treten musste.

Die IFA konnte durch ihre professionelle Herangehensweise schon nach den ersten sechs Monaten auf 509 abgeleistete Luftrettungseinsätze zurückblicken, was ihr auch auf politischer und fachlicher Ebene einen beachtlichen Erfolg bescherte. Im April 1991 wurde die IFA durch den Vertragsabschluss mit dem sächsischen Staatsministerium des Innern mit der Durchführung des Luftrettungsdienstes am Standort Leipzig-Halle beauftragt und in den öffentlich-rechtlichen Rettungsdienst integriert. Um das Ambulanzflugwesen des Vereins weiter zu verbessern, wurden bei der IFA zwei neue Ambulanzflugjets in Dienst gestellt, die von Nürnberg aus starteten. Am Flughafen Leipzig-Halle entstand am 1. Juni 1990 ein modernes Luftrettungszentrum, von wo aus „Christoph 61" – wie der Hubschrauber nach der Integration hieß – seine Primärrettung durchführte. Auch der Ersatzhubschrauber, die sogenannte Back-up-Maschine, fand hier ihren Stellplatz. Mit der Neuanschaffung zweier Eurocopter EC 135 als „Christoph 61" und als „ ITH Christoph Leipzig" modernisierte die IFA ihre Flotte und erfüllt von da an somit die für den Luftrettungsdienst europäisch gültigen rechtlichen Vorschriften. Seit 1990 haben die Helikopter des Internationalen Flugambulanz rund 20.000 lebenrettende Einsätze. Die Zahl der anspruchsberechtigten Mitglieder des Vereins beläuft sich auf etwa 260.000; die Alarmzentrale für den Ambulanzflugdienst, ansässig am Nürnberger Flughafen, ist rund um die Uhr besetzt. Da die Zentrale für die Durchführung ihrer globalen Auslands-

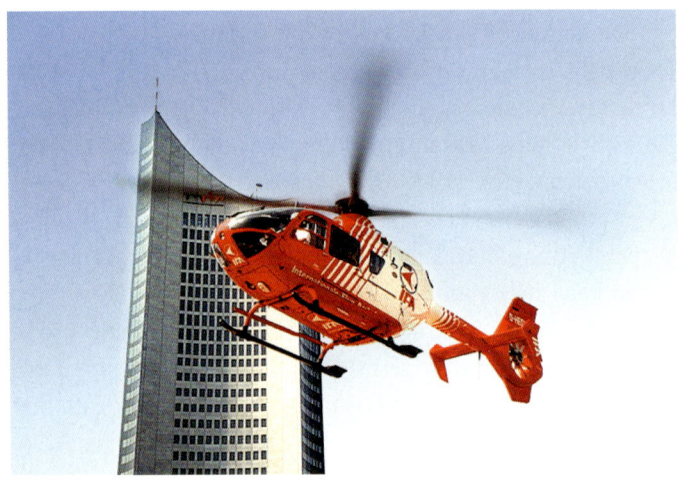

IFA-Maschine vor dem Haus des Mitteldeutschen Rundfunks

Lear-Jet der Internationalen Flugambulanz

rückholungen mit verschiedenen Organisationen kooperiert, kann die IFA auf hunderte Vertragsärzte und rund 45 weitere Alarmzentralen weltweit zurückgreifen und so eine globale und optimale Hilfeleistung gewähren. Aus dem anfänglich kleinen und oftmals belächelten Verein ist im Laufe der Zeit eine national und international anerkannte Luftrettungsorganisation geworden. Die IFA garantiert nicht nur den reibungslosen und sicheren Ablauf am Luftrettungszentrums Leipzig sowie die Abwicklung ihres Repatriierungsdienstes, sondern führt fachspezifische Kongresse, Fortbildungsveranstaltungen und humanitäre Hilfsprojekte durch.

DEIN FREUND UND HELFER
POLIZEIHUBSCHRAUBER IN DER LUFTRETTUNG

Genau wie der Rettungsdienst, fällt der Sektor „Polizei" in den Kompetenzbereich der Bundesländer. Sie regeln durch Verwaltungsvorschriften und Gesetze die Aufrechterhaltung der öf-

fentlichen Sicherheit und Ordnung. Um die Gefahrenabwehr und flächendeckende notfallmedizinische Versorgung zu optimieren, ergreifen Bund und Länder in ihren jeweiligen Kompetenzbereichen nicht selten unterstützende Initiativen im Bereich des Luftrettungsdienstes. Die Polizeihubschrauberstaffeln der Länder sind zu diesem Zweck mit unterschiedlichen Arbeitsutensilien zur ergänzenden und erweiterten medizinischen Hilfe ausgerüstet. Deren Umfang weicht jedoch sehr von den einzelnen Bundesländern ab.

Der große Vorteil in der unterstützenden Hilfe durch den Einsatz von Polizeihubschraubern liegt vor allem in ihrer Schnelligkeit. Durch die permanente Einsatzbereitschaft und die Tatsache, dass sich die Hubschrauber der Länderpolizeien regelmäßig zur Verkehrsbeobachtung über kritischen Verkehrsknotenpunkten aufhalten, treffen sie häufig schneller an der Unfallstelle ein, als der bodengebundene Rettungsdienst. Dieser Umstand hat in einigen Bundesländern einen Denkprozess angestoßen, welche Maßnahmen zu ergreifen sind, bis der reguläre Rettungsdienst an der Einsatzstelle eintrifft. Beschränkte sich die Unterstützung der Polizeihubschrauber in der Vergangenheit ausschließlich auf die Beobachtung der Einsatzstelle, deren Beurteilung und Nachforderung der benötigten Hilfskräfte aus der Luft, so sind die Hubschrauber heutzutage vermehrt mit einer notfallmedizinischen Ergänzungsausrüstung bestückt. Dazu gehört, neben einer faltbaren Krankentrage und tragbaren Rettungsgeräten wie Rettungsaxt und Rettungstauen, häufig auch ein Notfallkoffer mit einer medizinischen Grundausstattung. Polizeibeamte, die sich durch Schulungsprogramme über das erforderliche Mindestmaß der „Ersten–Hilfe" hinaus weiterqualifiziert haben, können so wertvolle Zeit zu Gunsten des Patienten nutzen, bis der Rettungsdienst vor Ort ist. Sollte

Bergrettung in Süddeutschland: EC 135 der Polizei Bayern

sich im Rahmen des Einsatzes abzeichnen, dass die bereitgestellten Transportkapazitäten nicht ausreichend sind, kann durch den Einsatz einer Krankentrage der Polizeihubschrauber ergänzend als Transportmittel genutzt werden.

Die Verwendung von Polizeihubschraubern im Rahmen des Suchdienstes, ist schon von Beginn des polizeilichen Flugdienstes an etabliert. Durch den Einsatz hochmoderner Technologien wie Suchscheinwerfer, Nachtsichtgeräte, Wärmebildkameras und Rettungswinde, die zur Rettung von Personen in schwer zugänglichem Gelände eingesetzt wird, konnte die Effizienz deutlich gesteigert werden. Durch den Einsatz der Wärmebildkamera ist es bei der Suche nach Personen möglich, ein größeres Gebiet in einem kurzen Zeitraum mit einer sehr hohen Genauigkeit zu untersuchen. Einen besonders großen Stellenwert in der ergänzenden Unterstützung nimmt das Bundesland Bayern ein. Hier besteht die Möglichkeit, die Polizeihubschrauber mit nur wenigen Handgriffen zu einem voll ausgerüsteten Rettungshubschrauber umzubauen, der ohne Abstriche in das bestehende Luftrettungssystem integriert werden kann. Aufgrund ihrer materiellen Ausrüstung und der Ausbildung des fliegerischen Personals ist die bayerische Polizei-Hubschrauberstaffel allen Anforderungen des modernen Luftrettungsdienstes gewachsen. Die 24-Stunden-Bereitschaft der Staffel sorgt im Bedarfsfall für kurze Reaktionszeiten. Indem das Land moderne Hubschrauber des Typs Eurocopter EC 135 anschaffte, ermöglichte es nicht nur die Durchführung von Einsätze mit unterschiedlichsten Aufgaben, sondern erreichte auch eine größere Unabhängigkeit von widrigen Wetterverhältnissen durch ausgereifte Instrumententechnik auf höchstem Niveau. Die Zusammenarbeit der bayerischen Polizei mit den Rettungsdiensten, der Bundeswehr und der Feuerwehr sowie mit dem alpinen Bergwachtdienst gilt als beispielhaft für organisatorische und zwischenmenschliche Kooperation.

SAR – SEARCH AND RESCUE

Der Beitritt der Bundesrepublik Deutschland zur International Civil Aviation Organisation (ICAO) erfolgt am 7. August 1956. Von diesem Zeitpunkt an gehört die Bundesrepublik zur Staatengemeinschaft der Luftfahrer. Die voll anerkannte Mitgliedschaft verpflichtete Deutschland zum Aufbau eines organisierten Such- und Rettungsdienstes (SAR), der in erster Linie den Zweck hatte, gezielt nach abgestürzten Flugzeugen im eigenen Hoheitsgebiet zu suchen und den Verunglückten schnellstmöglich zu helfen. Die ICAO hatte jedoch nicht von den einzelnen Mitgliedsstaaten verlangt, diesen Dienst als eigenständige Flotte zu errichten, so dass die Bundesrepublik hier auf die Ressourcen des Militärs zurückgreifen konnte. Allerdings steckten auch die Marine und die Luftwaffe in den Kinderschuhen und so musste von Beginn an neu geplant werden. 1959 wurden dann die Forderungen der ICAO umgesetzt. Die Verwaltung des SAR-Dienstes unterstand dem Bundesverkehrsministerium, durchgeführt wurde sie jedoch von der Deutschen Flugsicherung und dem Luftfahrtbundesamt. Für die praktische Umsetzung der ICAO-Forderung war das Bundesverteidigungsministerium und damit die Bundeswehr verantwortlich.

Um den SAR-Dienst gezielt zu organisieren, unterteilte man das Hoheitsgebiet der Bundesrepublik in zwei Sektoren: Für das Gebiet der Nord- und Ostsee, den Hamburger Raum und das Land Schleswig-Holstein übernimmt die SAR-Leitstelle Glücksburg die Einsatzführung. Das übrige Hoheitsgebiet wird im Rahmen des SAR-Dienstes von der Leistelle in Goch überwacht. Jede der beiden Leitstellen koordiniert

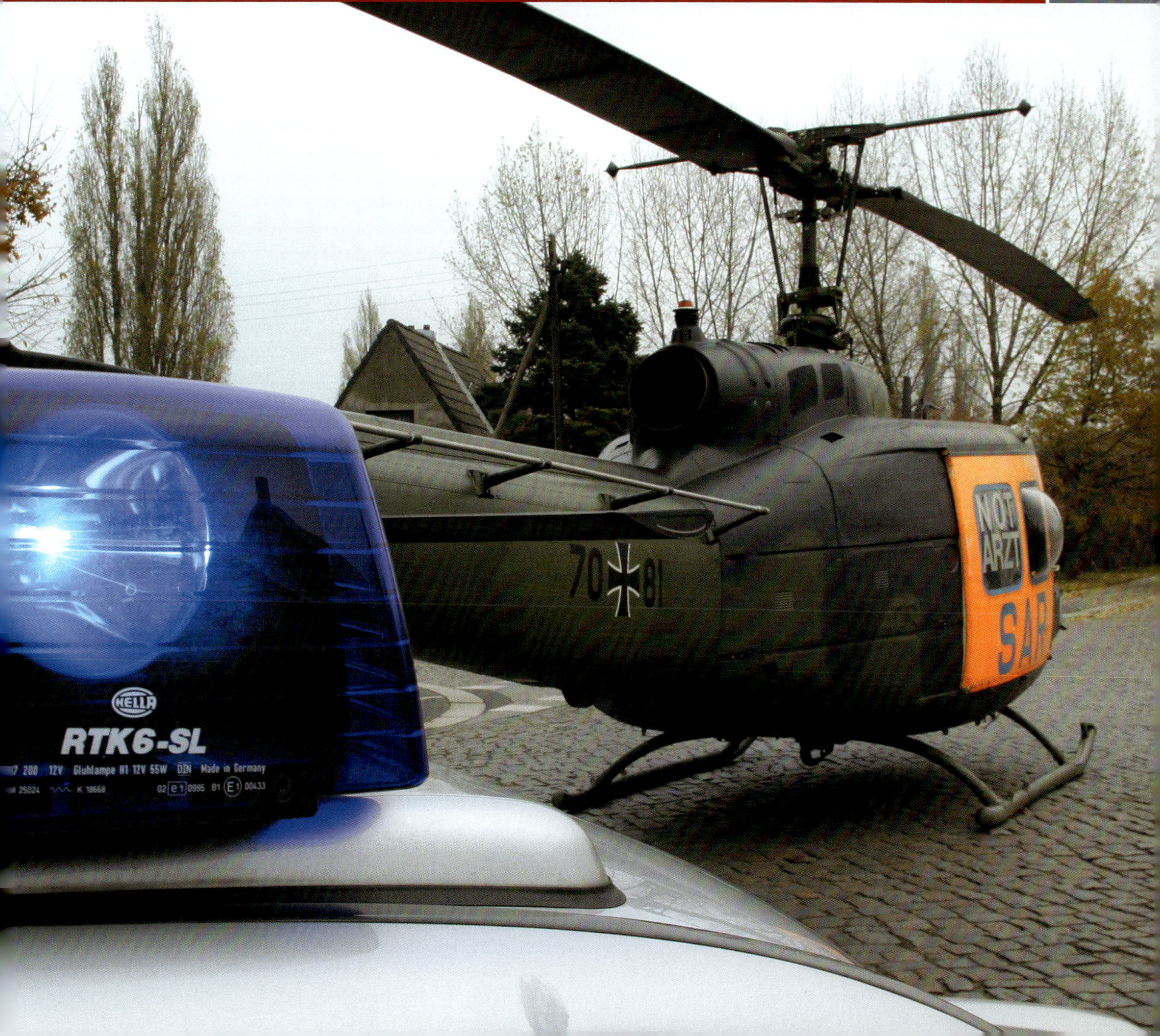
HELLA
RTK6-SL
Made in Germany
70 81
NOT ARZT
SAR

CH 53 des SAR-Dienstes bei einem Windentraining im Hamburger Hafen.

Für jede Witterung: der mächtige „Sea-King"

ihre Einsätze eigenständig. Im Bedarfsfall werden selbstverständlich zivile Luftrettungsorganisationen in das Einsatzgeschehen einbezogen.

Der SAR-Dienst der Bundeswehr unterhält über das gesamte Gebiet der Bundesrepublik verteilt verschiedene Standorte. Um im Rahmen eines Sucheinsatzes auch bei widrigen Witterungsverhältnissen über See gewappnet zu sein, setzt die Bundeswehr Hubschrauber des Typs „Sea-King" ein. Die Maschinen sind nicht nur leistungsstark, sondern auch bis zu einem begrenzten Maße schwimmfähig. Alle Maschinen verfügen über eine Rettungswinde. Zur Besatzung gehören zwei Piloten, ein Bordmechaniker und ein Marineoffizier, der die medizinische Verantwortung zur Versorgung der Patienten trägt. Ein Notarzt gehört nicht zur ständigen Besatzung. Für den Einsatz außerhalb der Seegebiete stehen Maschinen des Typs BELL UH-1D zur Verfügung. Auch hier ist nicht ständig ein Notarzt im Einsatz, da nur extrem wenige Maschinen im zivilen Luftrettungsdienst zum Einsatz kommen.

NEF DER LÜFTE:
NOTARZTEINSATZHUBSCHRAUBER IN KESSIN

Nach der Grenzöffnung und der Wiedervereinigung Deutschlands wurde Anfang der neunziger Jahre in den neuen Bundesländern durch zwei private Hubschrauberbetreiber versucht, ein bislang unbekanntes Luftrettungssystem alltagstauglich zu machen und in die rettungsdienstliche Infrastruktur zu integrieren. Zunächst in Suhl, später dann in Kessin in Mecklenburg-Vorpommern, installierte man einen so genannten „Notarzteinsatzhubschrauber", kurz NEH. Das Prinzip der NEH kommt in Kessin auch heute noch zur Anwendung. Der NEH bringt, ähnlich wie ein Notarzteinsatzfahrzeug, rasche Hilfe aus der Luft, jedoch besteht auf Grund der beengten Platzverhältnisse keinerlei Möglichkeit den Patienten mittels Hubschrauber in ein Krankenhaus zu transportieren. Zum Einsatz kommt ein Hubschrauber des Musters Robinson R 44. Der NEH ist wie ein Notarzteinsatzfahrzeug mit medizinischem Equipment bestückt und bringt auf dem Luftweg den Notarzt und einen Rettungsassistenten zur Einsatzstelle. Unterstützt werden sie, wie in der bewährten Luftrettung auch, durch den bodengebundenen Rettungsdienst. Der Transport wird nach der Versorgung des Patienten ausschließlich mit dem RTW durchgeführt.

Die erste ökonomische Idee, durch die Installierung eines Notarzteinsatzhubschraubers mehrere bodengebundene Notarztstandorte einzusparen beziehungsweise gar nicht erst zu installieren, erwies sich im Nachhinein als falsch. Würde sich ein Landkreis auf die ausschließliche Hilfe des Notarzteinsatz-Hubschraubers verlassen, wird dieser bei widrigen Witterungsverhältnissen und in der Nacht feststellen müssen, dass das Einsatzgebiet aus notärztlicher Sicht nicht mehr adäquat abgedeckt werden kann. Folglich ist nicht davon auszugehen, dass tatsächlich der bodengebundene Notarztdienst zu Gunsten der Kosten reduziert werden kann. Zweifelsohne gilt es anzumerken, dass der Notarzteinsatzhubschrauber sehr wohl in einem größeren Aktionsradius als ein bodengebundener Notarzt operieren kann, und sicherlich auch im Landkreis Bad Doberan wertvolle Hilfe für die Bevölkerung mit sich bringt. Da der Notarzteinsatzhubschrauber aber nicht in der Lage ist, die Patienten auf dem Luftweg in eine Spezialklinik zu überführen, stellt er keine Alternative zum bisherigen Luftrettungssys-

tem dar. Führende Experten der Luftrettung, die Konsensgruppe Luftrettung im Ausschuss Rettungswesen und die Bundesärztekammer sprechen sich gegen die Etablierung des NEH als flächendeckendes Rettungsmittel aus. Sie argumentieren, dass die zur Anwendung kommenden Hubschraubermuster nicht in der Lage sind, das gleiche umfangreiche medizinische Equipment wie ein Notarzt-PKW mitzuführen, ohne dass die kritische Grenze der möglichen Zuladung der Maschinen erreicht wird. Ferner bemängeln sie die fehlenden Transportmöglichkeiten für die Patienten und die Sicherheitsaspekte der Leistungsklassen für in der Luftrettung eingesetzte Hubschraubermuster. Trotz all der diskussionswürdigen Aspekte, die der Einsatz des NEH mit sich bringt, sollte aber nicht verschwiegen werden, dass nur 25% aller Luftrettungseinsätze auch mit dem anschließenden Transport eines RTH einhergehen. Das Rendezvous-System der Luft hat sich in Bad Doberan seit der Indienststellung bislang ohne Unfälle bei über 4000 sicheren und schnellen Einsätzen als wertvolle Hilfe für manchen Notfallpatienten bewährt.

AUFBAU DER LUFTRETTUNG IN DEN NEUEN BUNDESLÄNDERN

Als am 10. November 1989 die Berliner Mauer fiel, galt es zwar noch nicht als vorstellbar, dass es schon bald ein eigenes Luftrettungsnetz auf dem Gebiet der ehemaligen DDR geben würde, dennoch entschlossen sich, neben der vorstehend er-

NOTARZTEINSATZ-HUBSCHRAUBER DER AMBULANZ MILLICH GMBH

Funkrufname	Standort	Bundesland	Hubschraubermuster	Hubschrauber-Führer
NEH Kessin	Kessin	Mecklenburg-Vorpommern	Robinson R 44	Heli-Flight-Reichelsheim

Ein gemeinsames Bild von ADAC und DRF ist eher selten: Auch in den neuen Bundesländern war die Kooperation nur kurz

wähnten IFA, auch die ADAC Luftrettung GmbH und Deutsche Rettungsflugwacht e.V. zur Kooperation und suchten in einem ersten Schritt Kontakt zu den noch bestehenden Behörden und der ersten frei gewählten Regierung der DDR. Die Verhandlungen schienen zum Erfolg zu führen: Am 17. August 1990 wurde in Straußberg bei Berlin ein Vertrag über die Durchführung der Luftrettung auf dem Gebiet der DDR unterzeichnet. Die Vertragspartner dieses Kontraktes waren die ADAC Luftrettung GmbH, die Deutsche Rettungsflugwacht, das Ministerium für Gesundheitswesen sowie das Ministerium für Abrüstung und Verteidi-

Durch Beharrlichkeit in Leipzig erfolgreich: Die IFA.

gung der DDR. Die beteiligten Organisationen gründeten eine Gesellschaft bürgerlichen Rechts und legten in diesem Vertragswerk fest, dass der ADAC und die DRF als gleichberechtigte Partner die Luftrettung auf dem Gebiet der DDR regeln und verantworten sollten. Um die Allianz beider Organisationen deutlich hervorzuheben sollten die zukünftigen Rettungshubschrauber im Gelb des ADAC lackiert und mit dem Logo der DRF versehen werden.

Zur Umsetzung des Luftrettungsvertrages kam es jedoch nicht. Die Bundesrepublik Deutschland erkannte das Vertragswerk nicht an. Die ablehnende Haltung wurde vom Bundesministerium für Verteidigung damit begründet, dass es für die ehemalige DDR als Ganzes keine Rechtsnachfolgerin gebe. Projekte, die mit diesem Vertragswerk verknüpft waren, wurden somit hinfällig. Die Bundesregierung beabsichtigte, die Luftrettung auf dem Gebiet der neuen Bundesländer durch die Bundeswehr selbst sicherzustellen. Eine Beteiligung der Privatbetreiber ADAC und

DRF war nicht vorgesehen. Die mit Hilfe von ADAC und DRF eingerichteten Luftrettungsstützpunkte wurden von der Nationalen Volksarmee betrieben und dann im weiteren Verlauf von der Bundeswehr übernommen. Als Rettungshubschrauber wurden Helikopter des Typs MI 2 eingesetzt. Die Bundesregierung schätzte jedoch ihre eigenen Möglichkeiten falsch ein, so dass es zur jahrelangen Verzögerung beim Aufbau eines voll funktionsfähigen Luftrettungsnetzes kam. Die anfänglich sehr hoffnungsvolle Kooperation zwischen den privaten Luftrettungsbetreibern wurde durch die negative Grundhaltung der Bundesregierung rasch beendet.

Die ADAC Luftrettung GmbH und die DRF leisteten dennoch jeder für sich in der Luftrettung der neuen Bundesländer einen erheblichen Beitrag. Durch die Wiedervereinigung am 3. Oktober 1990 wurde der Rettungsdienst zur eigenen Angelegenheit der neuen Bundesländer. Bei der Analyse der vorhandenen Möglichkeiten wurde relativ schnell deutlich, dass der Rettungsdienst in den neuen Bundesländern veraltet war. Er befand sich auf den westdeutschen Stand der sechziger Jahre. Erschwerend kam hinzu, dass das vorhandene Straßennetz unzureichend ausgebaut und nicht für die Geschwindigkeit moderner Fahrzeuge mit westlicher Technik ausgelegt war.

Mit der Wiedervereinigung stieg die Zahl der Verkehrstoten im Osten dramatisch an. Obwohl die beschriebene Entscheidung der Bundesregierung den Aufbau eines flächendeckenden Luftrettungsnetzes in den neuen Ländern erschwerte, wurde das Netz der „Christoph"-Stationen schrittweise nach Osten hin erweitert. Am 1. August 1991 richtete die DRF in Zwickau einen Luftrettungsstützpunkt ein, Christoph 46 ging erstmals an den Start. Als Hubschrauber kam eine BO 105 zum Einsatz. Mit der Errichtung dieses Luftrettungszentrums wurde zum ersten Mal eine Station nach den gleichen Voraussetzungen wie in den alten Bundesländern umgesetzt.

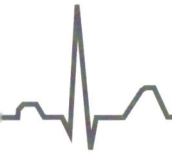

DIE TECHNIK DES HUBSCHRAUBERS

DIE ENTWICKLUNG DER DREHFLÜGLER

Verfolgt man die Geschichte des Hubschraubers als eigenständiges Fluggerät zurück, so beginnt dessen Entwicklung bei einem bis heute nicht namentlich bekannten Chinesen, der vor mehr als 2000 Jahren einen kleinen Spielzeughubschrauber fertigte. Dieses Spielzeug bestand aus einem kleinen Holzstäbchen, an dessen Enden jeweils in einem bestimmten Winkel

zugeordnete Hühnerfedern angebracht wurden. Durch Drehen des Stäbchens mit der Hand oder einer Schnur gelang es, einen geringen Auftrieb zu erzeugen, so dass der erste „Hubschrauber" auch tatsächlich flog. Dass Massen beziehungsweise Körper unter bestimmten Umständen Auftrieb erzeugen, erkannte

bereits Archimedes, der die These aufstellte, dass jeder Körper unter seinem spezifischen Gewicht Auftrieb erzeugt, wenn man ihn in ein Gas oder eine Flüssigkeit taucht.

Auch Leonardo da Vinci (1452–1519) griff diese Theorie rund 1700 Jahre später noch einmal auf: Das Auftriebsgesetz und die Funktion der Schraube, die man seinerzeit zur Wasserbeförderung einsetzte, brachten ihn zur Annahme, dass die Luft als solches eine ausreichende Dichte für die Auftriebserzeugung an einem sich drehenden Blatt haben müsste. Folglich ging da Vinci davon aus, dass eine spiralförmig ausgelegte Fläche, die sich mit einer entsprechend hohen Geschwindigkeit um eine senkrechte Achse dreht, in der Lage sein müsste, eine Masse vom Boden abzuheben. Aus eben dieser Idee heraus konstruierte er die berühmte Zeichnung einer Spiralschraube, der er auch den heute noch für Hubschrauber gebräuchlichen Namen „Helikopter" gab. Das Wort selbst setzt sich aus den griechischen Wortsilben „Helix" und „Pteron" zusammen und bedeutet soviel wie „Spirale" und „Flügel". Der Versuch da Vincis schlug jedoch fehl, da es keinen Antrieb gab, der ausreichend stark war, eine entsprechende Auftriebskomponente durch hohe Umlaufgeschwindigkeit zu erzeugen.

1781 glaubte dann der Franzose Francois Blanchard, dass man mittels Muskelkraft genügend Auftrieb erzeugen könnte und konstruierte eine Art „fliegendes Schiff", musste aber wenig später einsehen, dass auch die Muskelkraft nicht ausreichend groß war, einen Antrieb für ein derartiges Fluggerät zu gewährleisten. Nur drei Jahre später führten die Franzosen Bienvenu und Launoy der Akademie der Wissenschaften ein Flugmodell vor, welches mit zwei gegenläufigen Rotoren aus Hühnerfedern, angetrieben von der Spannkraft eines Bogens, eine Höhe von ca. 20 Metern erreichte. Jakob Degen, ein Österreicher, soll im Jahr 1816 am Wiener Prater ein durch ein Uhrwerk angetriebenes Hubschraubermodell vorgestellt haben, das angeblich sogar 160 Meter Flughöhe erreicht habt. Es folgten weitere Flugversuche, die immer wieder durch skurrile Konstruktionen und Ideen zu den waghalsigsten Manövern führten. 1818 befasste sich der französische Graf Adolphe de Lambertye mit dem Entwurf einer dreistöckigen fliegenden Beobachtungsstation, angetrieben durch die Muskelkraft mehrerer Männer; zwei Jahre später unternahm ebenfalls ein Franzose, Seguir, den Versuch einen Koaxial-Hubschrauber zu konstruieren, für dessen Antrieb ein Pferd vorgesehen war.

Erste ernstzunehmende Versuche sind aus dem Jahr 1842 dokumentiert. Es war der Engländer W. H. Phillips, der Erfinder des Feuerlöschers, der ein Modell mit Blattspitzenantrieb konstruierte. Das Gas, womit die Rotorblätter angeströmt wurden, gewann er aus einem Gemisch von Salpeter und Holzkohle. Das etwa 20 kg schwere Modell war allerdings nicht steuerbar und zerschellte nach nur kurzer Flugzeit am Boden. Nachdem durch das neu eingeführte Patentrecht Mitte des 19. Jahrhunderts erstmals die Möglichkeit bestand, geistiges Eigentum zu schützen, erhielt der Engländer Henry Bright das erste Patent für ein koaxiales, sprich übereinander angeordnetes Rotorsystem. Da der Antrieb mittels Kegelradübersetzung von Hand erfolgte und somit quasi eine Art Getriebe vorhanden war, kann man das Brightsche Prinzip als Vorbild für die späteren Koaxialhubschrauber ansehen. Ein etwa 3,5 kg schweres Modell mit Dampfantrieb baute der italienische Professor Enrico Forlanni 1877. Es erreichte eine Flughöhe von ca. 13 Metern und hielt sich etwa 20 Sekunden in der Luft. Das erste deutsche Patent wurde 1879 Julius Griese für einen Flugapparat erteilt, bei dem die Rotoren mit einem Geweleinen bespannt waren. Ein Modell dieses Gerätes ist

Spitzentechnologie aus dem Hause Eurocopter: EC 135 P 1

noch heute im Hubschraubermuseum bei Bückeburg zu bestaunen.

Nachdem dank der fortschreitende Technisierung der Elektromotor erfunden wurde, stiegen die damaligen Hubschrauber-Konstrukteure auf diese Art von Antrieb um. Der Österreicher Wilhelm Kress entwickelte ein Koaxial-Modell von 33 kg Gewicht und projektierte einen Hubschrauber von 320 kg mit einem 20 PS starken Motor. Seine Idee konnte jedoch nicht umgesetzt werden, da er nicht über den finanziellen Rückhalt verfügte. 1885 befasste sich Thomas Alva Edison mit der Effektivität von Motoren für Fesselhubschrauber. Seine Erkenntnis war, dass der ideale Motor bei 18 kg Gewicht eine Leistung von 50 PS bringen müsste. Doch Edison gab seine Versuche auf: Zu seiner Zeit konnte die notwendige Leistung noch nicht erreicht werden. Als zu einem späteren Zeitpunkt bereits Flächenflugzeuge flogen, äußerte er eine Prognose, die sich schon bald erfüllen sollte: „Die Flugmaschine wird gar nichts nützen, bis ein Apparat geschaffen ist, der die Fähigkeit des Kolibris besitzt, senkrecht aufzusteigen, vor- und rückwärts zu fliegen und senkrecht zu landen. Es wird nicht leicht sein, eine solche Maschine zu erfinden, aber irgendjemand wird es später tun."

Rudolph Benen, ein aus Dresden stammender Ingenieur, erhielt 1896 das erste Reichspatent für einen Verbundhubschrauber mit kippbarem Hauptrotor und einem von Hand angetriebenen Heckrotor. 1905 konstruierte Maurice Leger eine vom Boden aus mittels Elektromotor angetriebene Plattform, mit der erstmals ein Mensch in die Höhe gehoben wurde. Ein Jahr später hatte die zyklische Blattverstellung Premiere: der Italiener Grocco legte die ersten entsprechenden Entwürfe vor. Als Geburtsjahr der bemannten Hubschrauber-Fliegerei gilt das Jahr 1907, als der „Gyroplane" der Gebrüder Breguet am 24. August eine Flughöhe von 60 cm erreichte und am 13. November Cornu mit seinem „fliegenden Fahrrad" für 20 Sekunden 30 cm hoch schwebte. Etwas mehr Erfolg hatten die Breguets mit dem „Gyroplane II", der durch einen 55 PS-Motor angetrieben wurde und eine Reihe erfolgreicher Flüge durchführte.

1910 baute der damals 21-jährige Igor Sikorsky in Kiew seinen ersten Koaxialhubschrauber, der jedoch nicht vom Boden abhob. Erst 29 Jahre später, als er sich schon lange dem Flugzeugbau verschrieben hatte, widmete er sich wieder voll und ganz dem Hubschrauber. Am 18. April 1924 gelang es dem Spanier Pescara mit seinem Koaxialhubschrauber mit 736 Metern den erst einen Tag vorher von dem Franzosen Oehmichen aufgestellten Streckenrekord mit 525 Metern zu überbieten. Sechs Jahre wurde dieser Rekord beibehalten, bis 1930 die Strecke um weitere 324 Meter überboten wurde. Neuer Rekordinhaber war der Italiener d`Ascanio. 1924 entstand dann der erste Fokker Dreidecker von Henry Berliner, mit dem sein Sohn Emil einen Flug von rund eineinhalb Minuten durchführte.

Der Spanier Juan de la Cierva, der 1936 in England tödlich verunglückte, hatte an der Entwicklung der künftigen Hubschrauber großen Anteil. Erstmals verwendete er bei seinen Tragschraubern Rotorblätter von größerer Elastizität und Gelenke, die es den Blättern erlaubten eine Schlagbewegung auszuführen. 1930

Christoph 22, eine Eurocopter BK 117 B2 der ADAC Luftrettung GmbH, am Bundeswehrkrankenhaus in Ulm

folgten weitere Rekorde: eine Flugdauer von fast 9 Minuten, eine Streckenleistung von 1078 Metern und Flughöhe von 18 Metern stellte Nello Marinelli auf einem von Ascano entwickelten Koaxialhubschrauber auf. Damit hatte er drei Weltrekorde inne. Dabei waren die Schlag- und Schwenkgelenke besonders bemerkenswert, denn sie ermöglichten es den Rotorblättern sich sowohl horizontal, als auch nach oben und unten im erforderlichen Maße zu bewegen.

Einen neuen Weltrekord stellte Maurice Claisse mit dem Breguet-Gyroplane auf. Die Flugzeit betrug eine Stunde, zwei Minuten und 15 Sekunden. Kurze Zeit vorher hatte er einen Kreis von 44 km Durchmesser umflogen und sich 158 Meter in die Lüfte „geschraubt". 1927 entwickelte Anton Flettner einen Blattspitzenantrieb, wobei jeder Propeller einen eigenen Antriebsmotor besaß. In Deutschland erreichte Johannes Mohn auf dem von Walter Rieseler entwickelten Koaxial-Hubschrauber mit der Typenbezeichnung „R 1" im Jahre 1936 eine Fluggeschwindigkeit

von 160 km/h. 1936 baute Flettner dann einen Hubschrauber mit Dreiblatt-Rotor von 12 Metern Durchmesser. Der Einsitzige Versuchs-Hubschrauber erhielt die Typenbezeichnung Fl 185. Flettner erkannte das Problem des Drehmomentausgleiches und konstruierte am Rumpf jeweils zwei Propeller rechts und links, die als Zug- bzw. Druckpropeller wirkten. Der vordere Rumpfpropeller diente zur Motorkühlung. Mit der Fl 265 entwickelte Flettner einen Hubschrauber mit zwei ineinander kämmenden Rotoren. Von der Fl 282 (Kolibri), einer Weiterentwicklung der Fl 265, wurden 24 Stück gebaut und an die Marine ausgeliefert. Ein Großauftrag der Marine über die Fertigung von 1.000 Maschinen konnte aufgrund der kriegsbedingten Zerstörung der Fertigungshallen in Eisenach nicht mehr in Angriff genommen werden. Als ersten praktisch verwendbaren und in allen Fluglagen sicheren Hubschrauber entwickelte Professor H. Focke die FW 61, nachdem er bereits 1931 die Fertigungslizenz für die Cierva-Autogiros übernommen und somit einen eigenen Fer-

tigungsbereich für die sogenannte Rotorflugzeuge gegründet hatte. Hanna Reitsch und Karl Bode stellten als Flugkapitäne der FW 61 eine Reihe neuer Weltrekorde auf. So wurden der Langstreckenrekord auf 230,3 km und der Höhenrekord auf 3427 Meter gesteigert. Ein Nachfolgemuster der FW 61, die von den Militärs in Auftrag gegebene FA 223, erreichte 1940 sogar einen Höhenrekord von 7782 Metern. Das maximale Abfluggewicht betrug bei diesem Hubschrauber ca. 4300 kg, angetrieben von einem 1000 PS-Motor. Focke konstruierte 1942 dann einen „fliegenden Kran", dessen Abfluggewicht sogar 16 Tonnen betrug und dessen Nutzlast bei 8 Tonnen lag. Zwei BMW-Motoren sollten die erforderliche Leistung von 1600 PS aufbringen. Nach diesem Konzept wurde etwa 30 Jahre später die MIL MI-12 entwickelt und gebaut.

Eine weitere erwähnenswerte und recht eigentümliche Entwicklung war der vom Österreicher Baumgartl entwickelte Heliofly I, ein Vorläufer unserer heutigen Drachensegler. Ein Zweiblattrotor

SAR 71 am Hamburger Bahnhof

wurde mittels Tragegestell über dem Kopf des Piloten montiert und sollte beim Anlaufen bergab die notwendige Drehzahl erreichen, um ins Tal autorotieren zu können. Für den Transport konnte das Gerät zusammengeklappt werden. Am 14. September 1939 fand der in die Geschichte der Hubschrauberfliegerei eingegangene Erstflug des Prototypen der Sikorsky VS-300 statt. Igor Sikorsky selbst steuerte die Maschine, als sich der Hubschrauber, durch Seile gesichert, zum ersten Male in die Luft erhob. Ein neuer Weltrekord mit diesem Fluggerät wurde ein Jahr später aufgestellt: die Flugzeit betrug eine Stunde, 44 Minuten und 26 Sekunden. Von nun an begann die zunehmende Technisierung des Hubschraubers, bevor dieser jedoch als sicheres Fluggerät zur täglichen Verwendung kam, benötigte es noch allerlei Fleiß und Schweiß der Konstrukteure.

HUBSCHRAUBERTECHNIK

Wenn man die Familie der Drehflügler näher unterteilt, so erhält man im Wesentlichen fünf Hauptgruppen: Neben dem Hubschrauber gibt es noch Tragschrauber, Flugschrauber, Kombinationsflugschrauber und Verwandlungshubschrauber. Allen gemeinsam ist der oder die auftriebserzeugende(n) horizontal liegende(n) Drehflügel. Die gängigsten Bauformen sind der Hubschrauber, der Tragschrauber und der Flugschrauber. Wegen seiner universellen Einsatzmöglichkeiten hat sich der Hubschrauber weltweit am besten durchsetzen können und findet von allen Drehflüglern die größte Verbreitung. Er besitzt einen oder mehrere Hauptrotoren, die für Auftrieb, Vortrieb und Steuerung zuständig sind. Für die Stabilisierung um die Hochachse bedarf es in der Regel eines Drehmomentausgleichs in Form eines Heckrotors oder ähnlicher Vorrichtungen, so weit diese Funktionen nicht durch den Hauptrotor übernommen werden können. Ein Drehmomentausgleich ist nicht notwendig bei Hubschrau-

Halbstarre Rotorkopfsysteme, wie das der BELL UH-1D, besitzen ein zentrales Schlaggelenk

bern mit übereinander liegenden Rotoren oder Tandemhubschraubern. Hier gleicht die Gegenläufigkeit der Hauptrotoren das Drehmoment aus. Der Antrieb eines Hubschraubers erfolgt in der Regel durch Gasturbinen oder Kolbenmotoren, seltener sind Reaktionsrotoren, deren Antrieb über einen Blattspitzenantrieb mittels hoher Druckerzeugung am Ende des Rotorblattes möglich wird. Die Steuerung des Hubschraubers erfolgt durch die Neigung des Hauptrotors in die gewünschte Bewegungsrichtung, wobei zusätzlich zur Auftriebskomponente eine Kraftkomponente (Zugkomponente) in die gewählte Richtung entsteht.

Gegenüber einem Flugzeug hat der Hubschrauber einen ganz entscheidenden Vorteil: er kann senkrecht starten und landen,

Die mächtigen Abgasschächte der BELL 412 HP lassen die gewaltige Leistung der Maschine erahnen: jedes Turbinentriebwerk liefert rund 900 PS

seinen Geschwindigkeitsbereich zwischen Null und Maximum variieren, schweben, vorwärts, rückwärts und seitwärts fliegen. Der einzige Nachteil eines Hubschraubers besteht in seiner geringen maximalen Reise- beziehungsweise Endgeschwindigkeit. Diese ist aufgrund aerodynamischer Grenzen relativ niedrig ausgelegt. An den Blattspitzen des Hauptrotors kommt es mit zunehmender Geschwindigkeit zum Erreichen der kritischen Machzahl. Dabei tritt erstmals Schallgeschwindigkeit an den Rotorblattspitzen auf. Durch zunehmende Geschwindigkeit des Hauptrotors mit zusätzlich gesteigerter Vorwärtsfahrt kann es dann sein, dass die Strömung nicht mehr am Rotorblatt anliegen kann und diese abreißt. Der Hubschrauber kann somit nicht mehr in der Luft getragen werden und verliert seinen Auftrieb. Das Phänomen der kritischen Machzahl hat aber wohl jeder schon mal zufälligerweise akustisch bei einem Hubschrauber wahrgenommen: Das typische Klopfen des Hauptrotors einer Bell UH-1D, dessen Doppler-Knall-Effekt durch Erreichen der kritischen Machzahl entsteht, hat ihr auch den Namen „Teppichklopfer" eingebracht.

DER ANTRIEB

Obwohl es bei den verschiedenen Drehflüglergruppen unterschiedliche Arten des Antriebs und des Drehmomentausgleiches gibt, soll hier nur die Variante des klassischen Hubschraubers erläutert werden, da er sich im täglichen Einsatz bewährt und durchgesetzt hat. Der Antrieb muss, wie auch immer geartet, ausreichend stark genug sein, um den Rotor im Rotorsystem in Drehung zu versetzen und den Hubschrauber senkrecht vom Boden abzuheben. Dafür stehen zwei unterschiedliche, vom Prinzip her verschiedene Antriebsarten zur Verfügung: der Wellenantrieb, auch mechanischer Antrieb genannt, und der Reaktionsantrieb, auch Blattantrieb genannt. Beide Antriebsarten

haben ihre Vor- und Nachteile. Durchgesetzt hat sich in der Hubschrauberfliegerei bis heute der Wellenantrieb: Hier wird der Antrieb mechanisch über Getriebe und Wellen vom Triebwerk, gleich ob Kolbenmotor oder Gasturbine, auf den Rotor übertragen. Das Antriebsmoment für den Hauptrotor bewirkt ein gleich großes Gegendrehmoment, das auf die Hubschrauberzelle wirkt. Bei Hubschraubern mit nur einem Hauptrotor muss deshalb eine konstruktive Gegenmaßnahme ergriffen werden, da der Hubschrauber sich sonst entgegengesetzt zur Hauptrotordrehrichtung um seine Hochachse drehen würde. Um das zu vermeiden ist am Ende des Hubschraubers, am so genannten Heckausleger, der auch als Tailboom bezeichnet wird, ein Heckrotor angebracht.

Es gibt jedoch nicht nur den klassischen Heckrotor, sondern auch einen ummantelten Heckrotor – das so genannte „Fenestron" – wie bei dem in der Luftrettung eingesetzten Eurocopter EC 135 oder ein Gebläse, das so genannte „NOTAR-System" (No-Tail-Rotor) wie beim MD 900 Explorer. Bei Hubschraubern mit zwei gegenläufigen Rotoren auf einer Welle (Koaxialrotor), zwei ineinander kämmenden Rotoren oder Tandemhubschraubern ist ein Drehmomentausgleich mittels Heckrotor nicht erforderlich, da das Drehmoment aufgehoben wird. Auf die Ausgleichssysteme wird später noch näher eingegangen.

Hubschrauber mit nur einem Hauptrotor sind die am häufigsten eingesetzten Hubschraubermuster. Sie benötigen zum Ausgleich des Gegendrehmomentes einen Heckrotor oder eine ähnliche Vorrichtung. Unter den einrotorigen Hubschraubern findet man solche mit zwei, drei, vier oder mehr Hauptrotorblättern. Die Drehrichtung der Rotoren spielt für die Flugeigenschaften wie Leistung oder aerodynamische Grenzen keine Rolle. Fast alle Hersteller von Hubschraubern bauen linksdrehende Rotoren, lediglich die französischen und russischen Hersteller lassen ihre Hauptrotoren rechts herum drehen.

DAS ROTORKOPFSYSTEM

Der Hauptrotorkopf ist an der Spitze des Hauptrotormastes befestigt. Er dient der Fixierung der Rotorblätter und nimmt mit seinen Schlag-, Schwenk- und gegebenenfalls auch Drehgelenken die aerodynamisch hervorgerufenen und durch die Steuerung erzeugten Blattbewegungen auf. Zusammen mit den Rotorblättern und anderen Systemteilen bildet der Hauptrotorkopf das Tragwerk des Hubschraubers, dessen Aufgabe es ist, den erforderlichen Auf- und Vortrieb zu erzeugen. Der Hauptrotorkopf ist auch für die Steuerung des Hubschraubers um die Quer- und Längsachse zuständig. Zwei Arten von Steuerungssystemen werden unterschieden: die periodische Blattsteuerung und die kollektive Blattsteuerung.

Das wohl modernste Rotorsystem – das der EC 135 – verzichtet zum Beispiel ganz auf den bei anderen Hubschraubern üblichen Rotorkopf. Die Hauptrotorblätter sind, unter Wegfall aller Gelenke und Lager, direkt am Rotormast befestigt. Es werden vier unterschiedliche Rotorsysteme unterschieden. Um die Philosophie und Wirkungsweise der unterschiedlichen Rotorsysteme besser verstehen zu können ist erst einmal ein kurzer Abstecher in die Hubschraueraerodynamik erforderlich.

Solange sich ein Hubschrauber im stationären Schwebeflug, im senkrechten Steigflug oder im Sinkflug befindet, sind abgesehen von kleinen Steuereffekten, die die Seitenwindeinflüsse und Schwerpunktslagen kompensieren, die Anströmungsverhältnisse am einzelnen Rotorblatt symmetrisch. Schon immer bestand die größte Herausforderung für den Hubschrauberkonstrukteur im Design und der Entwicklung des Hauptrotorkopfes. Viele Kundenanforderungen, wie beispielsweise niedriges Gewicht, geringe Kosten, lange Lebenslaufzeiten, leichte Wartung, minimaler Widerstand, wenig Teile, ausreichende Steuerbarkeit, keine aerodynamische Probleme usw. müssen hier unter einen Hut gebracht werden. Ausschlaggebend für ein gutes Design

ist aber immer, in welcher Weise die Schlag- und Schwenkbewegungen sowie die Torsion der Rotorblätter in den Rotorkopf eingeleitet werden, was davon im Inneren des Hubschraubers noch zu spüren ist und wie sich das System auf die generellen Flugeigenschaften und die Steuerbarkeit des Hubschraubers auswirkt.

Die Palette für einen solchen Rotorkopf variiert zwischen einem Rotorkopf mit sehr losen Blattaufhängungen durch Lager und Gelenke, und einem Rotorkopf ganz ohne bewegliche Teile. Alle Rotorsysteme müssen grundsätzlich so konstruiert sein, dass die Blätter den durch die Aerodynamik auferlegten Bewegungsabläufen folgen können, sei es durch am Rotorkopf installierte Gelenke, oder durch eine entsprechende Eigenflexibilität der Rotorblätter. Der vollgelenkige Rotor besitzt Schlag-, Schwenk- und Drehgelenke. Die Drehgelenke dienen der Veränderung des Einstellwinkels und damit der Steuerung und der Auftriebserhöhung. Die Einstellwinkelveränderung wird durch die kollektive Steuerung für alle Blätter gleichzeitig und durch die periodische Steuerung für jedes Blatt einzeln bewirkt. Die Schlag- und Schwenkgelenke können getrennt voneinander angebracht sein oder auch kombiniert in einem Kardangelenk. Die meisten Hubschrauber älterer Bauart sind mit einem vollgelenkigen Rotorsystem ausgerüstet, so weit es sich nicht um einen Hubschrauber mit dem halbstarren Zweiblattsystem handelt. Der Vorteil des vollgelenkigen Rotors ist es, dass die Blätter relativ einfach konstruiert werden können, da alle Blattbewegungen von den im Rotorkopf installierten Lagern und Gelenken aufgenommen werden. Außerdem vermitteln sie eine gute Steuerbarkeit und eliminieren einen großen Teil der vom Rotor auf die Zelle übergreifenden Vibrationen. Die Nachteile der vollgelenkigen Rotoren liegen in der Kompliziertheit, ihrem hohen Wartungsaufwand und generell in der Vielzahl an Teilen die zu einem solchen System gehören.

Die in der Luftrettung zum Einsatz kommenden Hubschraubermuster verfügen heutzutage fast ausschließlich über gelenklose Rotorkopfsysteme. Der Begriff gelenkloser Rotor bezieht sich in der Regel auf das Fehlen der Schlag- und Schwenkgelenke. Schlag- und Schwenkbewegungen werden von virtuellen Gelenken in den flexiblen Rotorblättern oder flexiblen Elementen des Rotorkopfes übernommen. Die Drehbewegung der Blätter erfolgt über Drehlager oder Drehgelenke. Bei der fortgeführten Entwicklung hin zum gelenk- und lagerlosen Rotor fallen auch die Drehlager weg, die Blätter oder die flexiblen Bauteile des Rotorkopfes übernehmen auch die Torsionsbewegung. Ein weiterer Innovationsschritt ist der Wegfall des Gesamtrotorkopfes, die Blätter werden über entsprechende Ösen quasi direkt am Rotormast befestigt. Die markantesten und wohl auch bekanntesten Beispiele für Hubschrauber mit gelenklosen Rotoren sind die Eurocopter BO 105 und die BK 117. Beide besitzen einen Rotorkopf aus Titan, in den lediglich die Torsionslager für die Drehbewegung der Blätter installiert sind. Schlag- und Schwenkbewegungen werden von den klassischen GFK-Rotorblättern über virtuelle Gelenke aufgenommen. Diese Art von Rotor ist nur mit den speziell für dieses System entwickelten Rotorblättern denkbar.

Der Werkstoff Titan wird wegen seiner hohen Dauerfestigkeit gewählt. Außerdem ist der Titan-Kopf zirka 40 Kilogramm leichter als ein vergleichbarer Rotorkopf aus Stahl. Kernstücke des Rotorkopfes sind die Zugelemente, nach Hersteller und Form auch „Bendix-Knochen" genannt, die aus unzähligen Windungen aus hochwertigem Stahldraht bestehen, der um zwei Ösen gebunden und in Kunststoff gegossen ist. Der Rotorkopf der BO 105 ist ein so genannter „Nass-Kopf": Eine Ölfüllung sorgt für die ständige Schmierung der innen liegenden Teile. Der Ölstand kann durch das oberhalb des Rotorkopfes liegende 360°-Schauglas kontrolliert werden.

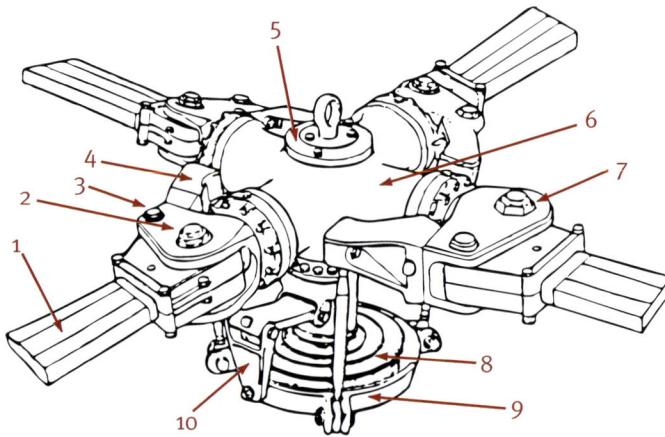

Gelenkloser Rotorkopf der BO 105 von MBB/Eurocopter
1 Rotorblatt / 2 Hauptblattbolzen / 3 Nebenblattbolzen /
4 Steuerhebel / 5 Ölergehäuse / 6 Rotorstern / 7 Innenhülse /
8 Steuerstange / 9 Taumelscheibe / 10 Mitnehmergestänge
(Grafik mit freundlicher Genehmigung der HFS – Helicopter Flug-Service GmbH)

INNOVATIONEN AM ROTORKOPF – DER GELENK- UND LAGERLOSE ROTOR

Bei einem gelenk- und lagerlosen Rotor der Eurocopter EC 135 werden alle Schwenk-, Schlag- und Torsionsbewegungen ausschließlich von den elastischen Kunststoffblättern aufgenommen.

Die EC 135 besitzt keinen Rotorkopf im üblichen Sinn. Die Hauptrotorblätter werden mittels Befestigungsbolzen direkt an einer am oberen Ende des Rotormastes angebrachten Doppelflansch montiert. Somit entfallen alle beweglichen Teile, die ein Rotorkopf normalerweise beinhaltet.

Die Blätter sind von der Blattwurzel her mit einer so genannten Steuertüte umgeben, die im weiteren Verlauf übergangslos und ohne Ansatz in die aerodynamische Blattstruktur übergeht.

Die Steuertüte besteht aus glasfaserverstärkten Kunststoffen. Die umlaufenden Steuerstangen übertragen die von der Taumelscheibe her kommenden Steuereingaben mittels der Tüte auf das Blatt. Innerhalb der Steuertüte liegt der flexible Bereich des Blattes, der die Schwenk-, Schlag- und Drehbewegungen aufnimmt. Dieser „Flexbeam" genannte Teil hat einen x-förmigen Querschnitt und ist ebenfalls aus hochfestem Kunststoff hergestellt und ist Bestandteil des Rotorblattes. Der Flexbeam ist so ausgelegt, dass die unterschiedlichen Blattbewegungen von verschiedenen Sektionen aufgenommen werden. So nimmt der an der Blattwurzel am nächsten liegende Teil die Schlagbewegungen auf, der darauf folgende Teil die Torsion und der dann folgende Teil des Flexbeam die Schwenkbewegung. Das Dämpfungselement besteht aus zwei über eine leicht s-förmig gebogene Achse verbundene Dämpfer. Die schräge Anordnung der Dämpferachse schafft eine mechanische Verbindung zwischen der Schlagbewegung und dem Einstellwinkel der Blätter. Diese Kopplung trägt zu einem großen Teil der Schwenkdämpfung bei. Der Vorteil der modernen Rotorsysteme liegt in der re-

Der Fünfblattrotor des MD 900 sorgt für stabile Flugzustände und extreme Vibrationsarmut während des Fluges

Leistungsstark, vibrationsarm und präzise in der Steuerung: die BK 117

lativen Unkompliziertheit, in der Wartungsfreundlichkeit, in der geringen Anzahl an Teilen, in der Gewichtseinsparung, in der Zuverlässigkeit und der langen Lebenslaufzeit. Das Rotorsystem der EC 135 brachte eine Gewichtseinsparung von ca. 50 kg gegenüber der BO 105 ein.

Geht man von der Manövrierfähigkeit aus, ist der Hubschrauber allen anderen Luftfahrzeugen überlegen. Er ist in der Lage, über einem Ort zu schweben, sich auf der Stelle zu drehen, senkrecht zu steigen und zu sinken und sich horizontal in jede Richtung zu bewegen. Da sich der Hubschrauber, wie alle Luft-

fahrzeuge, in einem dreidimensionalen Raum bewegt, ist es üblich, den unterschiedlichen Bewegungen ein fest mit dem Hubschrauber verbundenes Achsensystem zuzuordnen, mit dessen Hilfe man diese Bewegungen besser darstellen und den unterschiedlichen Steuerorganen einfacher zuordnen kann. Die möglichen Bewegungen können somit in Translationsbewegungen und Drehbewegungen um diese Achsen zerlegt werden.

Der Kreuzungspunkt der Achsen liegt im Schwerpunkt des Hubschraubers. Parallel zur Rumpf-Achse des Hubschraubers liegt die Längsachse. Im Winkel von 90° zur Hubschrauber-

längsachse liegt die Querachse. Senkrecht zu diesen beiden Achsen steht die Hochachse. Soll der Hubschrauber in Richtung einer der Achsen beschleunigt werden, muss eine Kraft in die entsprechende Richtung aufgebracht werden; in Richtung der Längsachse eine Längskraft, in Richtung der Querachse eine Querkraft und in Richtung der Hochachse eine Normalkraft. Soll eine Drehung um eine der drei Achsen eingeleitet werden, muss ein entsprechendes Moment erzeugt werden: Eine Drehung um die Längsachse erzeugt ein Rollmoment. Eine Drehung um die Querachse erzeugt ein Nickmoment. Eine Drehung um die Hochachse erzeugt ein Giermoment. Für die Erzeugung der unterschiedlichen Kräfte und Momente besitzt der Hubschrauber entsprechende Steuerorgane.

Mit dem Steuerknüppel (Stick) erzeugt man bei Steuerbewegungen parallel zur Längsachse die Längskraft und das Nickmoment. Der Hubschrauber beschleunigt entweder vorwärts oder rückwärts, nickt auf oder nickt ab. Durch Steuerbewegungen parallel zur Querachse erzeugt man die Seitenkraft und das Rollmoment. Der Hubschrauber beschleunigt entweder nach links oder rechts, oder nimmt eine Rolllage ein, je nach Flugzustand. Mit dem Blattverstellhebel (Pitch) erzeugt man durch Ziehen und Drücken – also rauf und runter – eine Bewegung parallel zu Hochachse. Dies hat zur Folge, dass der Hubschrauber entweder steigt oder sinkt. Bei Turbinen-Hubschraubern erfolgt der Leistungsangleich weitestgehend automatisch. Hubschrauber mit Kolbentriebwerken haben am Pitch zusätzlich einen Gasdrehgriff, mit dem die Motorleistung den Leistungsanforderungen angeglichen wird. In der Luftrettung kommen jedoch nur turbinenangetriebene Hubschrauber zum Einsatz.

Mit den Heckrotor-Pedalen erzeugt man nun durch Treten des linken oder rechten Pedals das Giermoment und die Drehung um die Hochachse. Die Pedale dienen also dem Ausgleich des Drehmoments und der Steuerung des Hubschraubers um die

Tailboom einer BK 117 B-2 der DRF

Hochachse. Die Steuerung des Hauptrotors erfolgt über den vor dem Pilotensitz angebrachten Stick und den links neben dem Sitz angebrachten Pitch. Während Ersterer für die periodische Steuerung zuständig ist, bei der das einzelne Rotorblatt in seinem Umlauf beeinflusst wird, werden durch den Pitch alle Blätter gleichzeitig angesteuert. Soll sich der Hubschrauber in eine bestimmte Richtung bewegen, oder möchte man ein Moment um eine der Achsen erzeugen, muss der Rotor eine Kraft in diese Richtung entwickeln. Da der Rotorschub senkrecht zur Rotordrehebene wirkt, muss diese logischerweise in die gewünschte Richtung gekippt werden. Durchgesetzt hat sich ein Verfahren, das periodische Steuerung genannt wird. Dabei verändert das einzelne Rotorblatt während seines Umlaufs von 360° und erzeugt damit einen unterschiedlichen Auftrieb innerhalb der Rotorebene. Dieser Art der Steuerung wird auch Taumelscheibensteuerung genannt.

Die Taumelscheibe sitzt auf dem Hauptrotormast, unterhalb des Rotors. Sie besteht aus einem stehenden und einem drehenden Teil. Durch die umlaufenden Steuerstangen werden die von der Steuerung her kommenden Eingaben in Form von Einstellwinkeländerungen auf die rotierenden Blätter übertragen. Mittels einer Schiebehülse ist die Taumelscheibe auch entlang des Mastes beweglich und überträgt auf diese Weise ebenfalls die kollektiven Steuereingaben auf die Blätter. Die kollektive Steuerung bewirkt eine gleichmäßige, die periodische Steuerung überlagernde Einstellwinkelveränderung an allen Hauptrotorblättern gleichzeitig. Dadurch ergibt sich eine Veränderung der Normalkraft, was, je nach Richtung der Eingabe und nach dem Flugzustand, zum Sink- oder Steigflug, zur Beschleunigung oder zur Verzögerung führt.

Finne einer BO 105. Die BO 105 verfügt über ein konventionelles Heckrotorsystem.

DER HECKROTOR

Der Heckrotor befindet sich am Ende des Heckauslegers, der unterschiedliche Bauformen aufweisen kann. Er erzeugt eine horizontale Kraft senkrecht zur Längsachse und parallel zur Querachse des Hubschraubers. In Verbindung mit dem Hebelarm wird so ein ausreichend großes Moment erzeugt, um dem Reaktionsmoment entgegenzuwirken. Je größer der Hebelarm, desto kleiner wird die erforderliche Kraft des Heckrotors sein. Bei herkömmlichen Heckrotoren geht man von einem Leistungsbedarf von sieben bis zehn Prozent der zur Verfügung stehenden Triebwerksleistung aus. Bei der Konstruktion des Heckrotors hat sich bei Hubschraubern kleiner und mittlerer Größe das halbstarre Zweiblattsystem durchgesetzt, da hier der konstruktive Aufwand am geringsten ist. Bei größeren Hubschraubern findet man sogenannte vollgelenkige Mehrblattsysteme. Die erforderliche Leistungsaufnahme des Heckrotors ist abhängig von der Leistung, die der Hauptrotor an der Rotorwelle aufnimmt. Der Heckrotor hat deshalb unterschiedliche Momente auszugleichen, abhängig davon, ob sich der Hubschrauber im Schwebeflug oder Vorwärtsflug, im Steigflug oder Sinkflug befindet. Die Verstellung des Heckrotors und damit die Veränderung der Leistungsaufnahme erfolgt über die Heckrotorpedale. Im Reiseflug wird der Heckrotor durch am Ende ausgelegte Stabilisierungsflächen und durch aerodynamische Formgebung der Hubschrauberzelle entlastet. Dieser Effekt wird als „Windfahneneffekt" bezeichnet. Der Heckrotor wird so angebracht, dass er am Heckausleger zieht oder gegen den Heckausleger drückt. Drückt der Heckrotor, wird der Luftzufluss zum Heckrotor durch den Heckausleger gestört. Zieht der Heckrotor, wird der Luftabfluss durch den Tailboom und die Finne gestört. Aerodynamisch betrachtet, ist ein drückender Rotor effektiver, da dabei der Ausleger auf der Luftansaugseite liegt, wo die Luft mit relativ geringer Geschwindigkeit fließt. Liegt der Heckausleger auf der

Seite, der durch den Heckrotor beschleunigten Luft, prallt sie mit hoher Geschwindigkeit auf und bewirkt einen höheren Widerstand. Drückende Heckrotoren werden als „Pusher", ziehende als „Puller" bezeichnet.

FENESTRON

Den Fenestron, einen ummantelten Heckrotor, findet man im Prinzip nur bei französischen Herstellern. Fenestron kommt aus dem französischen und beschreibt ein kleines Fenster in einem Haus. Auch die von Eurocopter entwickelte EC 135, ein vertrautes Muster der Luftrettung, ist mit einem Fenestron ausgestattet. Vor Jahren brachte Sikorsky an einer S-76 einen achtblätterigen Fenestron an, um Wirksamkeitsuntersuchungen durchzuführen. Die Erprobung lief unter den Namen „Fantail". Der Fenestron besteht aus kurzen, aerodynamisch geformten Blättern (Schaufeln) auf einer Nabe, die innerhalb einer kreisrunden Öffnung in der vertikalen Stabilisierungsfläche des Hubschraubers rotieren. Bei der neuen Fenestron-Generation gibt es zusätzlich fest angebrachte Leitschaufeln (Statoren), ähnlich wie bei einem Triebwerksverdichter.

Jedes Fenestronblatt ist über ein Kugelgelenk an der Nabe befestigt, so dass der Anstellwinkel je nach Leistungsanforderung geändert werden kann. Durch die Ummantelung wird die Wirbelbildung an den Blattspitzen reduziert und ein geringerer statischer Druckanstieg erzeugt, was den Wirkungsgrad erhöht. Ein Fenestron kann im Vergleich zu einem konventionellen Heckrotor bei gleicher Leistung einen 50% kleineren Durchmesser haben. Der Grund dafür ist, dass der Abluftstrahl des Fenestron seine Bündelung und damit seinen vollen Schub bereits innerhalb der Ummantelung erreicht, beim Heckrotor erst nach einer Strecke, die 70% des Hauptrotordurchmessers entspricht. Der Fenestron dreht aufgrund seines geringeren Durchmessers mit wesentlich

Fenestron der Eurocopter EC 135

höherer Drehzahl. Bei der Eurocopter EC 135 sind es 3580 Umdrehungen in der Minute. Angesteuert wird der Fenestron wie der Heckrotor auch über die Pedale. Der Leistungsbedarf im Vergleich zum Heckrotor schwankt etwas. Im Schwebeflug ist der Leistungsbedarf höher, im Reiseflug geringer. Bei einem eventuellen Ausfall des Fenestron stabilisiert das hohe Leitwerk am Heckausleger die Hochachse des Hubschraubers bis zu einer

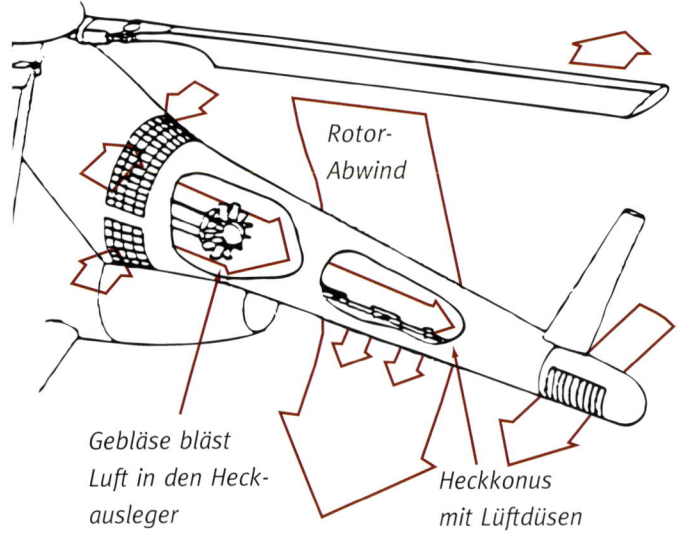

Rotor-
Abwind

Gebläse bläst
Luft in den Heck-
ausleger

Heckkonus
mit Lüftdüsen

Notar-System (no-tail-rotor)
(Grafik mit freundlicher Genehmigung der HFS – Helicopter Flug-Service GmbH)

Mindestgeschwindigkeit von ca. 50 Knoten. Der Fenestron hat erhebliche Vorteile: Er ist leiser als der konventionelle Heckrotor, und das ummantelte System bietet einen höheren Schutz vor ungewollten Hindernisberührungen und minimiert das Unfallrisiko am Boden.

NOTAR

Der NOTAR ist ein vom US-Hubschrauberproduzenten McDonnell Douglas entwickeltes System zum Ausgleich des Reaktionsmomentes bei einrotorigen Hubschraubern. Die Erfindung des Systems nimmt die Firma Lockheed für sich in Anspruch, die bereits 1971 ein ähnliches System für ihren Hubschrauber Lockheed-286 vorgesehen hatte. Im Gegensatz zum Heckrotor

oder dem Fenestron sind beim NOTAR außen am Heckausleger des Hubschraubers keine rotierenden Teile zu sehen. Ein am Beginn des hohlen Heckauslegers innen angebrachter Fan (ein kleiner Fenestron) reicht aus, um den erforderlichen Überdruck für das System zu erzeugen. Dieser Fan wird vom Hauptgetriebe aus angesteuert und bezieht die Ansaugluft durch die am Übergang von der Zelle zum Heckausleger angebrachten Luftgitter. Die Wirkungsweise des Systems beruht auf unterschiedlichen Effekten. An der in Flugrichtung gesehenen rechten Seite des Auslegers tritt durch zwei sich fast über die gesamte Länge des Heckauslegers erstreckende schmale Luftschlitze die durch den Fan verdichtete Luft aus.

Diese Luftströmung erzeugt zusammen mit dem „Downwash" des Hauptrotors den so genannten „Coanda-Effekt", der den Heckausleger quasi in ein Profil verwandelt. Auf der Seite, an der die Luft durch die Schlitze austritt, wird der Rotorabwind gezwungen, länger an der Rundung des Heckauslegers anzuliegen, wodurch die Strömung beschleunigt wird und ein Unterdruck entsteht. Auf der anderen Seite des Heckauslegers fließt die Luft normal ab und erzeugt damit auf dieser Seite des Profils einen relativen Überdruck. Das hierdurch am Heckausleger erzeugte Auftriebsmoment wirkt dem Drehmoment des Hauptrotors entgegen. Der Coanda-Effekt ist nach dem Franzosen Hendrik Coanda benannt, der 1932 feststellte, dass ein Flüssigkeits- oder Gasstrom dazu neigt, an einer festen Oberfläche anzuliegen, auch wenn diese Fläche gekrümmt ist. Das NOTAR System nutzt dieses physikalische Gesetz, indem die an den Seiten des Heckauslegers unter geringem Druck austretende Luft den Rotorabwind dazu bringt, der Oberfläche des runden Heckauslegers zu folgen.

Zusätzlich befindet sich am Heckausleger links und rechts je eine Öffnung, die durch einen drehend gelagerten Konus geschlossen und geöffnet werden kann. Die Steuerung des Konus`

Das Notar-System. Der schwenbare Heckkonus wird genauso über die Pedale angesteuert, wie ein herkömmlicher Heckrotor. Zwei Vorzüge zeichnen das System aus: die Gefährdung für am Boden befindliche Personen ist erheblich reduziert – ebenso die Lautstärke.

erfolgt über die Heckrotorpedale. Je nachdem, an welcher Seite des Auslegers der Konus die Öffnung freigibt, wird durch die dort austretende Luft ein Gegendruck (Reaktion) erzeugt. Diese Vorrichtung dient in erster Linie der Steuerung des Hubschraubers um die Hochachse. Bei senkrechten Steig- und Sinkflügen ist, anders als bei herkömmlichen Systemen, kaum eine Pedalkorrektur erforderlich, da der Coanda-Effekt automatisch den erforderlichen Drehmomentausgleich liefert. Die Geschwindigkeit der durch die Schlitze austretenden Luft ist etwa viermal so hoch, wie die Geschwindigkeit des Rotorabwindes, der Druck der austretenden Luft muss nur ca. $\frac{1}{2}$ PSI über dem Umgebungsdruck liegen. Der NOTAR hat eine ganze Reihe von Vorzügen: Durch den Wegfall der langen Antriebswellen für den Heckrotor ist der Wartungsaufwand geringer und führt zu einer deutlichen Gewichtseinsparung. Gerade bei Rettungseinsätzen auf engen Landeplätzen mit Strauchwerk im Heckbereich besteht nicht mehr die Gefahr der Hindernisberührung mit dem Heckrotor. Auch das Bodenpersonal kann sich problemlos bei laufendem Rotor im Heckbereich des Hubschraubers aufhalten. Durch den Wegfall des Heckrotors sinkt das Vibrationsniveau des Hubschraubers und die Lärmbelästigung nimmt beträchtlich ab.

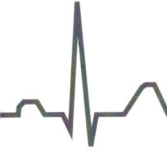

DIE EINGESETZTEN MUSTER
DER LUFTRETTUNG

MBB / EUROCOPTER BO 105

Die BO 105 ist seit jeher einer der weltweit meist genutzten Helikopter in der Luftrettung. Darüber hinaus findet sie als Verbindungs- oder Panzerabwehrhubschrauber Anwendung bei verschiedenen Armeen rund um den Globus, seltener fliegt die BO 105 auch im SAR-Bereich.

Der erste Entwurf für die BO 105 stammt aus dem Jahr 1962. Die Bölkow GmbH, später bekannt als Messerschmitt-Bölkow-Blohm, hatte den Auftrag zur Konstruktion eines gelenklosen Rotorkopfes erhalten; der erste Prototyp der BO wurde 1963

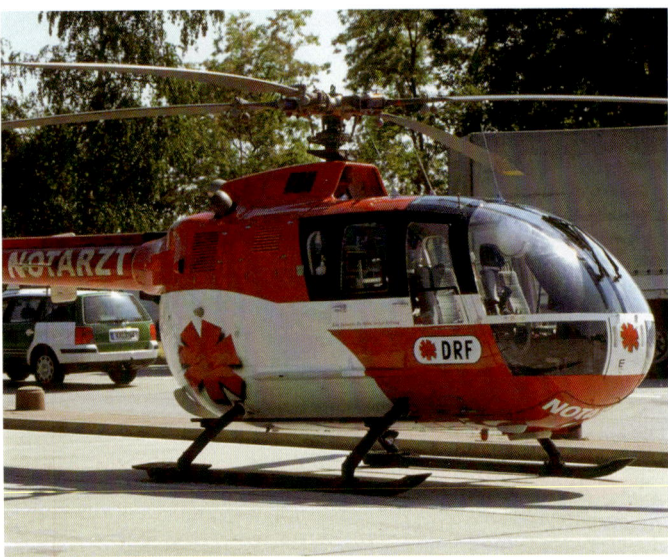

Ein Klassiker: Auch die DRF setzt auf die BO 105 CBS

der Öffentlichkeit vorgestellt. Der gelenklose Rotorkopf mit seiner präzisen Steuerfähigkeit galt seinerzeit als revolutionär. Bis 1970 wurden verschiedene Prototypen mit unterschiedlicher Triebwerks- und Rotortechnik entwickelt, bis im Jahr 1970 die Musterzulassung für diesen Leichthubschrauber durch das Luftfahrtbundesamt erfolgte.

Für den Dienst Rettungshubschrauber kam sie 1970 in der Version mit Doppeltrage und Ladetunnel als BO 105 A zum Einsatz und wurde vom ADAC in München stationiert. Die Versionen wurden mehrfach überarbeitet und verbessert. Der A-Version folgten die C-Version und 1978 dann die verlängerte Version als BO 105 CBS. Die Verlängerung des Rumpfes brachte den Vorteil, dass ein weiteres Seitenfenster neben der Schiebetür eingesetzt wurde. Die neueste Version ist derzeit die so genannte BO 105 „Superfive". Hier wurden die Hauptrotorblätter noch einmal überarbeitet und ein leistungsstärkeres Hauptgetriebe mit gesteigerter Einmotorenleistung eingebaut. Durch diese Art der Weiterentwicklung konnte der Schub mit der Verwendung neuartiger Rotorblätter erhöht und die Vibrationsübertragungen der Maschine auf die Zellstruktur reduziert werden.

Die eigentliche Zelle des Hubschraubers erinnert in ihrer Form leicht an die eines Eies, mit einem ausgeprägten Glasanteil im vorderen Bereich, so dass nahezu eine Rundumsicht erreicht wird. Der Heckausleger ist im Vergleich zum Rumpf relativ dünn. Der Innenraum ist mit 3,6 Kubikmetern so bemessen, dass ausreichend Platz für zwei nebeneinander angeordnete Tragen, nebst medizinischer Ausrüstung vorhanden ist. In der Version

BO 105 CBS — TYPENBLATT

Einsatzspektrum: Primär- / Sekundärluftrettung

11,84 m
8,81 m
3,00 m
1,90 m
1,58 m
2,53 m
4,55 m
-1,5°
9,80 m

Leistungsdaten

Hersteller:	Eurocopter Deutschland GmbH
Triebwerke (2):	Detroit-Allison 250-C B
Max. Leistung:	je Triebwerk 420 PS
Einsatzgeschwindigkeit:	210 km/h
Flughöhe:	3.000 m NN
Reichweite	500 km
Kraftstoffzuladung:	570 l
Max. Abfluggewicht:	2.500 kg
Erf. Start-/Landefläche:	20 x 20 m
Besatzung:	Pilot, Rettungsassistent, Notarzt

mit zwei Tragen wird der linke Cockpit-Sitz nach hinten gedreht, direkt hinter dem Sitz des Piloten und vor der rechten Trage befindet sich ein zweiter Betreuersitz, der meist dem Arzt zugewiesen wird. Für den Einsatz mit Früh- oder Neugeborenen kann ein Inkubator eingeschoben werden, wobei der linke Cockpitsitz dann ohne Versorgungsfunktion für den Patienten bleiben muss, da das Raumangebot mangels Beinfreiheit für den Rettungsassistenten ausgeschöpft ist. Alle Betreiber der Luftrettung in Deutschland setzen die BO 105 ein; sie hat sich seit Jahrzehnten bewährt. Mittlerweile wird der Klassi-

Auffällig lackiert – die BK 117 aus Bautzen des Betreibers Elbe Helicopter R. Zemke

BK 117

Mit der Entwicklung des größeren Bruders der BO 105, der BK 117 wurde 1977 begonnen. Der japanische Motorenhersteller Kawasaki und MBB führten gemeinsam die Planungs- und Entwicklungsphase durch. Ziel dieser Entwicklung war es, einen Rettungshubschrauber zu konstruieren, der über ein größeres Raumangebot verfügen sollte, ohne die bewährte Rotor- und Triebwerkstechnologie von MBB aufzugeben. Mit der BK 117 wurde ein regelrechter Universalhubschrauber geschaffen, der wie sein Vorgänger weltweit bei militärischen und zivilen Nutzern Anwendung

ker der Luftrettung aber entsprechend der in den nächsten Jahren zur Anwendung kommenden Luftfahrtvorschriften (JAR OPS-3) bis spätestens Ende 2009 gegen leistungsstärkere Muster (BK 117 / EC 135 / EC 145 / MD 900) Zug um Zug ausgetauscht werden müssen, da durch diese Vorschriften an die Hubschrauber höhere Triebwerksanforderungen für den Einsatz im Luftrettungsdienst geknüpft sind. Dann wird ein Stück Geschichte der Luftretter vom Himmel über Deutschland verschwinden.

findet. Durch die Konstruktion der weit ausladenden Hecktüren können auch große und sperrige Güter problemlos in die Maschine verladen werden. Da dieser Hubschrauber eigens für den Einsatz im Luftrettungsdienst konzipiert wurde, unterstützen der ADAC und die Ärzte des „Christoph 1" die Entwicklung in erheblichem Maße mit ihren Erfahrungen im Rettungswesen. Durch das erhöhte Raumnutzungsangebot von knapp 5 Kubikmetern ist die BK 117 geradezu ideal für den Luftrettungsdienst, darüber hinaus wird die Maschine optional mit einer seitlich an-

BK 117-B2 — TYPENBLATT

Einsatzspektrum: Primär- / Sekundärluftrettung

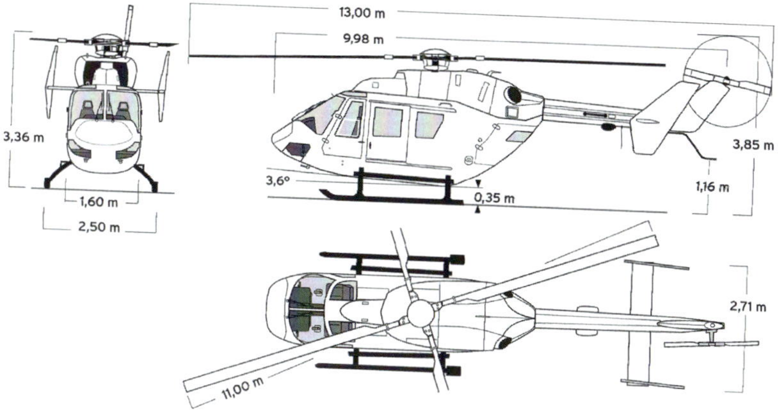

13,00 m
9,98 m
3,36 m
1,60 m
2,50 m
3,6°
0,35 m
3,85 m
1,16 m
2,71 m
11,00 m

Leistungsdaten

Hersteller:	Eurocopter Deutschland GmbH
Triebwerke (2):	Lycoming LTS 101 750-B1
Max. Leistung:	je Triebwerk 750 PS
Einsatzgeschwindigkeit:	240 km/h
Flughöhe:	3.000 m NN
Reichweite:	500 km
Kraftstoffzuladung:	707 l
Max. Abfluggewicht:	3.350 kg
Erf. Start-/Landefläche:	20 x 20 m
Besatzung:	Pilot (Co-Pilot), Rettungsassistent, Notarzt

gebrachten Rettungswinde ausgerüstet. Somit kann der Helikopter nahezu uneingeschränkt im Gebirge und auf hoher See eingesetzt werden, was ihm eine SAR-Tauglichkeit verschafft. So setzt der ADAC eine BK 117 mit Winde zum Beispiel in Schleswig-Holstein ein, da die dort in Sanderbusch stationierte Maschine auch die Versorgung der Ostfriesischen Inseln und Teile der Nordsee sicherstellt. Die Hubschrauber in München und Murnau sind ebenfalls mit einer Rettungswinde ausgerüstet, um verunglückten Bergsteigern in jeder Situation helfen zu können. Wie bei der BO 105 können auch in der BK 117 zwei Tragen nebeneinander angeordnet werden. Das Platzangebot für die Retter wurde deutlich erhöht, bei Bedarf kann eine seitliche Betreuerbank parallel zur Krankentrage eingebaut werden. Die BK 117 wird in Deutschland für die Primärrettung, aber auch für die Sekundärverlegungsflüge eingesetzt. Soll die Reichweite der Maschine erhöht werden, besteht die Möglichkeit an der Außenseite ein Zusatztank zu installieren.

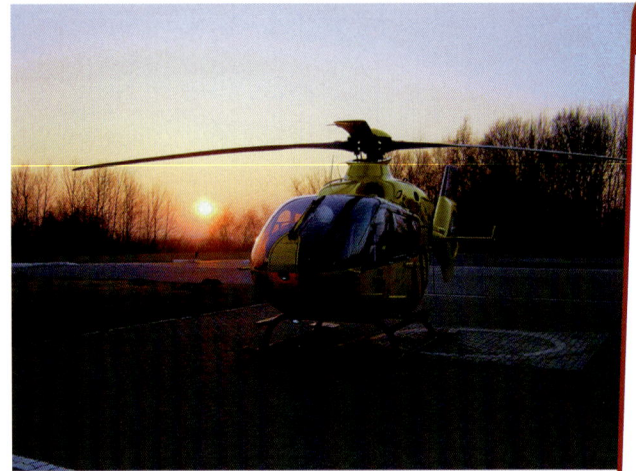

EC 135

Als reiner Entwicklungs- und Demonstrationshubschrauber für neue Systeme, Technologien und Bauteile, wurde bei Messerschmitt-Bölkow-Blohm (MBB) Mitte der achtziger Jahre mit der Entwicklung der BO 108 begonnen, die als Grundmuster für die heutige EC 135 angesehen werden kann. Ziel dieser Hubschrauberentwicklung war die Verwendung von großen Kunststoffelementen an der Zelle und die Entwicklung eines drehlager- und gelenklosen Vierblatthaupt- und Heckrotors aus Faserverbundwerkstoffen. Durch die Verwendung von Faserverbundwerkstoffen sollten die Betriebs- und Unterhaltskosten drastisch reduziert und die Flugleistungen erheblich verbessert werden. All die bis dato positiv gesammelten Erfahrungen mit dem Vorläufer, der BO 105, sollten in die Entwicklung des Nachfolgemusters einfließen. Mitte Oktober 1988 hob die BO 108 zu ihrem ersten Flug ab.

EC 135 — TYPENBLATT

Einsatzspektrum:	Primär- / Sekundärluftrettung

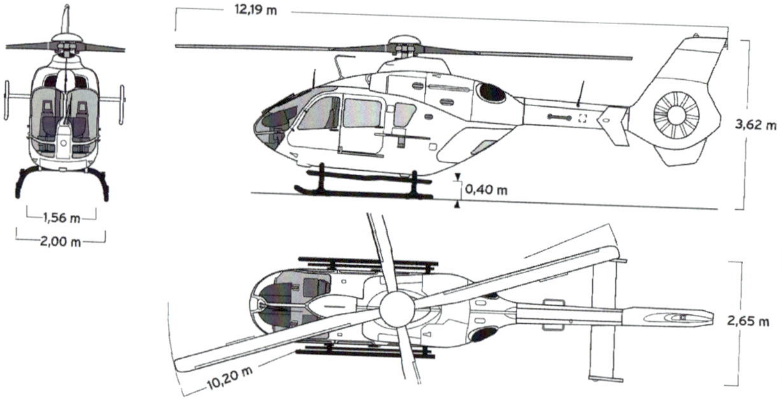

12,19 m
3,62 m
0,40 m
1,56 m
2,00 m
2,65 m
10,20 m

Leistungsdaten

Hersteller:	Eurocopter Deutschland GmbH
Triebwerke (2):	Turbomeca Arrius 2B *oder* Pratt & Whitney PW 206 B
Max. Leistung:	je Triebwerk 706 PS *oder* 743 PS
Einsatzgeschwindigkeit:	250 km/h
Flughöhe:	6.000 m NN
Reichweite:	670 km
Kraftstoffzuladung:	680 l
Max. Abfluggewicht:	2.720 kg
Erf. Start-/Landefläche:	20 x 20 m
Besatzung:	Pilot, Rettungsassistent, Notarzt

Durch die Fusion zwischen MBB und dem französischen Hubschrauber-Hersteller Aerospitale entstand der Entwicklungskonzern Eurocopter. Die Maschine wurde mit zwei Gasturbinen des Typs Allison 250-C20E3 ausgerüstet. Die gewonnenen Ergebnisse waren hervorragend und bildeten die Grundlage der Entscheidung, die BO 108 zur Serienmaschine zu entwickeln, um die bis dahin erfolgreich produzierte BO 105 durch ein neues Hubschraubermuster zu ersetzen. Aus der BO 108 entstand darauf in Ottobrunn der Prototyp der EC 135, der als leichter, zweimotoriger Mehrzweckhubschrauber später Verwendung finden sollte. Den französischen Einfluss erkennt man am ummantelten Heckrotor, dem Fenestron, dessen Produktion eine Spezialität des französischen Herstellers Aerospitale ist.

In der Serienversion sind Haupt- und Heckrotor aus Faserverbundwerkstoffen ohne jegliche Gelenke und Übertragungswellen gefertigt. Durch die Verwendung des Fenestron ist das Gefahrenpotenzial für das Bodenpersonal durch das Drehen der Heckrotorblätter deutlich vermindert. Die aerodynamischen Vorzüge des Fenestron beeinflussen auch die Lärmentwicklung positiv, denn die Maschine ist erheblich leiser als vergleichbare Muster, die mit einem konventionellen Heckrotor ausgerüstet sind. Blattgelenke findet man am Hauptrotorkopf nicht mehr. Die aerodynamische Kompensation von Schlag- und Schwenkbewegungen geschieht durch das elastische Verformen der Kunststoffblattwurzeln. Rotornabe und Rotormast sind in einem Stück gefertigt. Nahezu der gesamte Hubschrauber ist aus Kohlefaserkunststoff hergestellt, wodurch das Ziel der Gewichtseinsparung und des reduzierten Aufwandes bei der Instandhaltung erreicht wurde. An der Entwicklung speziell für den Luftrettungsdienst war die DRF maßgeblich beteiligt und stellte im September 1996 weltweit die ersten beiden EC 135 in Dienst.

Auch das Cockpit wurde technologisch auf den neuesten Stand gebracht. Alle wichtigen Fluginstrumente und Anzeigen

Kalte Kufen holt sich diese EC 135 der ADAC Luftrettung GmbH

wie Kompass, Höhenmesser, Funknavigationseinrichtungen, künstlicher Horizont sowie die gesamte Triebwerksüberwachung sind auf Farbdisplays dargestellt. Der Pilot erhält auf diese Weise mehr Informationen über den Zustand seiner Maschine auf weniger Instrumenten, was die Übersicht deutlich erleichtert. Dank der neuartigen Technik gelang es Eurocopter im Rahmen des Zulassungsverfahrens beim Luftfahrtbundesamt nun die Zulassung unter Instrumentenflugbedingungen mit nur einem Piloten erhalten.

Aufgrund einer groß angelegten Kabine ist die EC 135 ein echter Mehrzweckhubschrauber. Wie schon beim Vorgängermodell, der BO 105, hat man an dem bewährten System festgehalten, die Krankentragen für die Patienten durch die hinteren Halbschalentüren aufzunehmen. Mittlerweile hat die EC 135 einen

EC 145 — TYPENBLATT

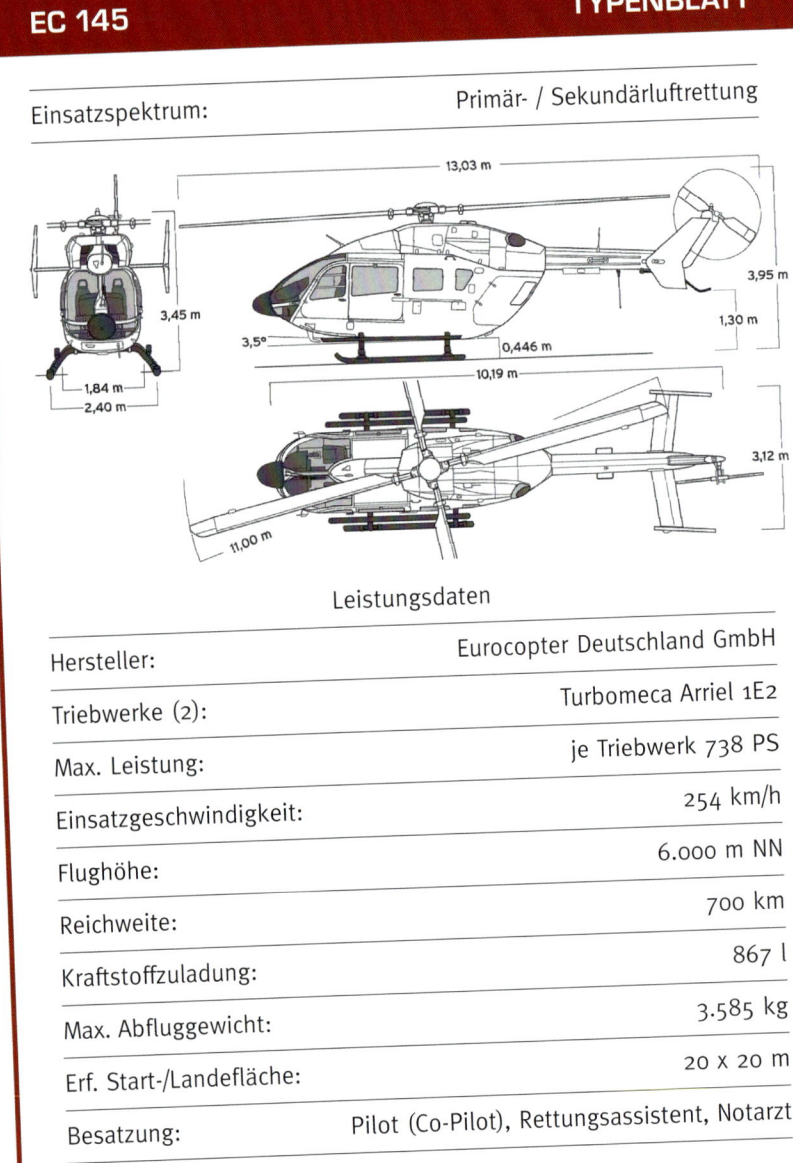

Einsatzspektrum: Primär- / Sekundärluftrettung

13,03 m
3,45 m
3,95 m
1,30 m
3,5°
0,446 m
1,84 m
2,40 m
10,19 m
3,12 m
11,00 m

Leistungsdaten

Hersteller:	Eurocopter Deutschland GmbH
Triebwerke (2):	Turbomeca Arriel 1E2
Max. Leistung:	je Triebwerk 738 PS
Einsatzgeschwindigkeit:	254 km/h
Flughöhe:	6.000 m NN
Reichweite:	700 km
Kraftstoffzuladung:	867 l
Max. Abfluggewicht:	3.585 kg
Erf. Start-/Landefläche:	20 x 20 m
Besatzung:	Pilot (Co-Pilot), Rettungsassistent, Notarzt

ganz erheblichen Teil der in der Luftrettung bisher zur Verwendung kommenden BO 105 abgelöst.

EC 145

Das Grundmodell der EC 145 basiert auf der bewährten Konstruktion der aus gleichem Hause stammenden BK 117. Der Innenraum ist vergrößert worden, Teile der Cockpittechnik wurden in Art und Funktion dem kleineren Bruder, der EC 135 entnommen und angeglichen. Angetrieben durch zwei Turbomeca Arriel 1E2 Turbinen mit je 738 PS erreicht die Maschine die beeindruckende Einsatzgeschwindigkeit von 254 km/h. Den Fenestron der EC 135 sucht man jedoch beim großen Bruder vergeblich. Eurocopter entschied sich bei der Entwicklung der EC 145 für ein konventionelles Heckrotorsystem. Der Helikopter eignet sich sowohl für Einsätze der Primärrettung als auch als Intensivtransporthubschrauber. TEAM DRF und ADAC

Blick ins Cockpit der EC 145

Die Eurocopter EC 145 ist das modernste Muster aus dem Hause Eurocopter. Man hat es vornehmlich für die Luftrettung konzipiert.

SAR 71 auf einer Kreuzung in Hamburg-Harburg

BELL 205 / UH-1D — TYPENBLATT

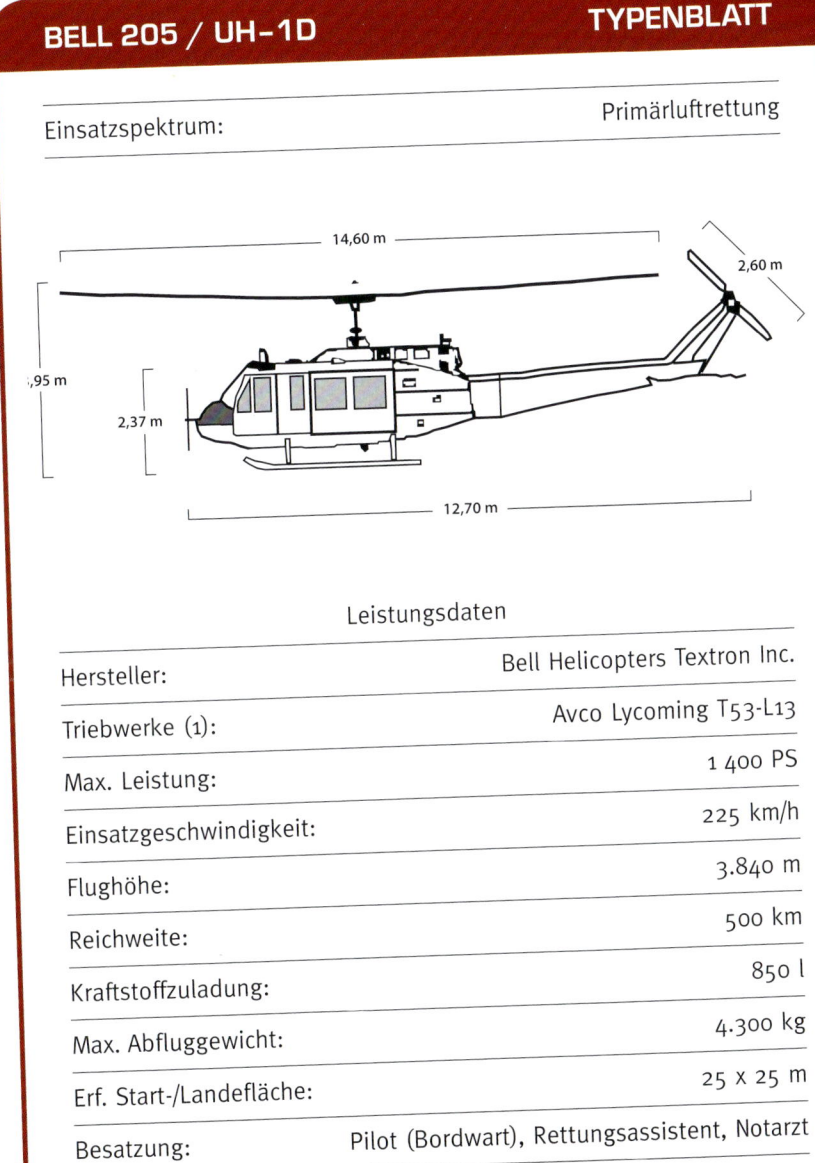

Einsatzspektrum: Primärluftrettung

Abmessungen:
- 14,60 m
- 2,60 m
- ,95 m
- 2,37 m
- 12,70 m

Leistungsdaten

Hersteller:	Bell Helicopters Textron Inc.
Triebwerke (1):	Avco Lycoming T53-L13
Max. Leistung:	1 400 PS
Einsatzgeschwindigkeit:	225 km/h
Flughöhe:	3.840 m
Reichweite:	500 km
Kraftstoffzuladung:	850 l
Max. Abfluggewicht:	4.300 kg
Erf. Start-/Landefläche:	25 x 25 m
Besatzung:	Pilot (Bordwart), Rettungsassistent, Notarzt

verwenden die Maschine seit 2004 und gehören somit zu den ersten Nutzer innovativer Luftfahrttechnik des Donauwörther Hubschrauberherstellers.

BELL 205 / UH-1D

Die Entwicklung der BELL begann bereits im Jahre 1955, als die US-Army für ihre Bodentruppen die Konstruktion eines leichten Transporthubschraubers forderte. BELL überzeugte die Armee durch die Vorstellung der BELL 204. Als Antrieb des Zweiblattrotors diente eine Avro Lycoming Wellenturbine T53. Im Juni 1959 übergab BELL die ersten neun Maschinen der Erfolgsserie an die Armee. Geplant war die Anschaffung von 100 kostengünstigen Leichthubschraubern. Im Rahmen der Weiterentwicklung präsentierte BELL die verlängerte Version, die BELL 205, die auch durch ein leistungsstärkeres Triebwerk überzeugte. Der Name UH-1D ist eine militärische Typenbezeichnung der US Streitkräfte und hat sich bis heute gehalten.

Das Konstruktionsprinzip der BELL 205 ist denkbar einfach: Zwei Komponenten bilden den Rumpf und den Heckausleger, an dessen Längsträger Landegestell, Triebwerk, Getriebe und Heckausleger montiert werden. Der Heckausleger ist in

Bild links: Veteran der Lüfte – BELL UH-1D der Bundeswehr

Der ideale Intensivtransporthubschrauber – BELL 412 HP

Halbschalenbauweise angelegt. Das Cockpit ist überschaubar instrumentiert und wird wegen seiner Geräumigkeit von den Piloten geschätzt. Das medizinische Equipment wird bei der Verwendung als Rettungshubschrauber durch die Seitentüren be- und entladen. Die Crew steigt über die seitlichen Flügeltüren in den Cockpitbereich ein. Die US-Streitkräfte setzten die BELL 205 vor allem im Vietnam-Krieg ein; bereits dort leistete sie gute Dienste im Rahmen des Verwundetentransportes. Obwohl die Maschine nur durch eine Turbine angetrieben wird, gilt sie als äußerst zuverlässig und zählt zu den sichersten Hubschraubermustern der Welt. Die HUEY, wie sie liebevoll genannt wird, kommt auch heute noch bei der Bundeswehr als Rettungshubschrauber zum Einsatz; bis vor einiger Zeit fand sie auch beim Bundesgrenzschutz im Luftrettungsdienst Verwendung.

BELL 412 HP

Die BELL 412 HP ähnelt von außen stark der BELL UH-1D. Die Motorisierung ist jedoch grundsätzlich anders: Der Hubschrauber wird von zwei Turbinen aus dem Hause Pratt & Whitney angetrieben, wobei jede rund 900 PS Leistung liefert. Im Gegensatz zur BELL UH-1D findet sich bei der 412 ein Vierblattrotor, der insgesamt zu einem vibrationsärmeren Flugzustand führt. Dieser Helikopter ist weltweit betrachtet das Spitzenmodell für den Einsatz im Luftrettungsdienst, da er über Schnelligkeit, großzügiges Platzangebot, Leistungsstärke und Cockpitübersichtlichkeit verfügt wie kaum ein anderes Hubschraubermuster. In Deutschland kommt dieser

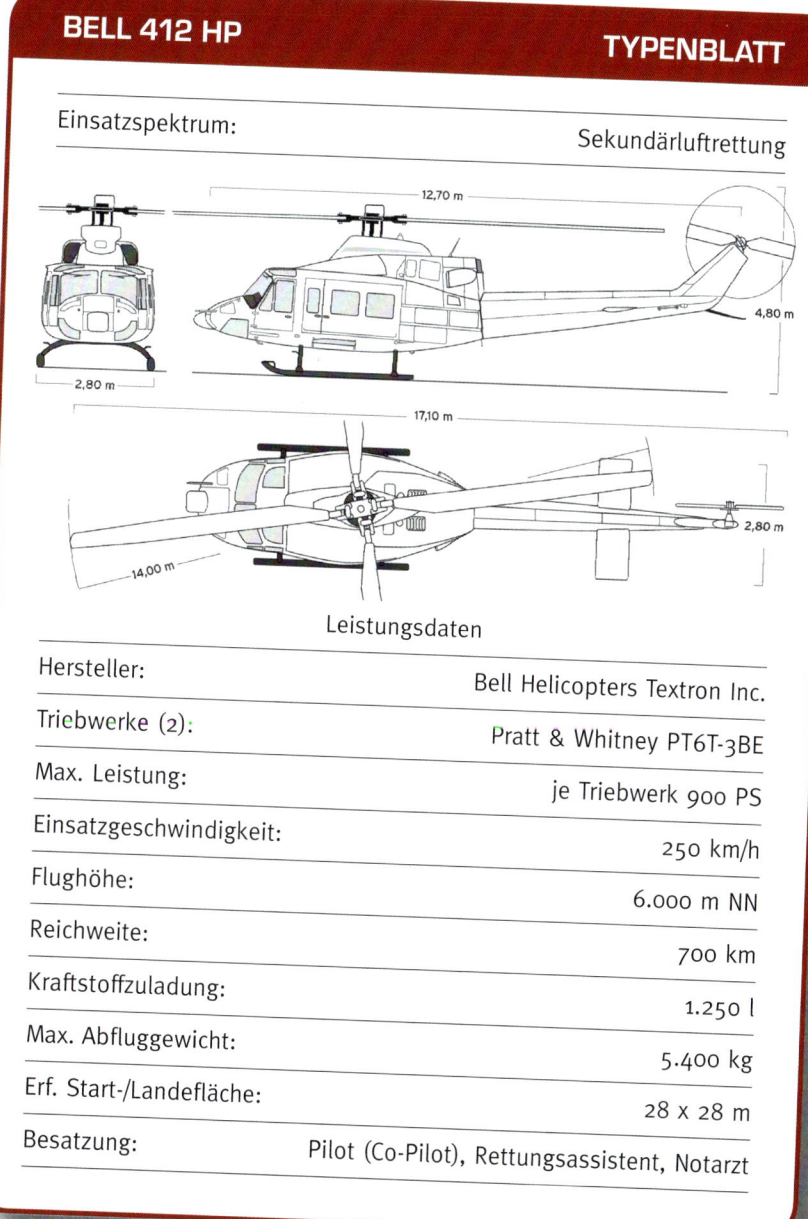

BELL 412 HP — TYPENBLATT

Einsatzspektrum: Sekundärluftrettung

Leistungsdaten

Hersteller:	Bell Helicopters Textron Inc.
Triebwerke (2):	Pratt & Whitney PT6T-3BE
Max. Leistung:	je Triebwerk 900 PS
Einsatzgeschwindigkeit:	250 km/h
Flughöhe:	6.000 m NN
Reichweite:	700 km
Kraftstoffzuladung:	1.250 l
Max. Abfluggewicht:	5.400 kg
Erf. Start-/Landefläche:	28 x 28 m
Besatzung:	Pilot (Co-Pilot), Rettungsassistent, Notarzt

Start frei für die BELL 222

Typ in erster Linie als Intensivtransporthubschrauber beim TEAM DRF-Partner HDM zum Einsatz. In der Primärrettung verwendet man in Deutschland – vor allem aufgrund der großen Ausmaße der Maschine – eher kleinere und wendigere Hubschrauber, da die Landeflächen hier nur selten so großzügig angelegt sind, wie beispielsweise in den USA.

BELL 222 B

Die durch zwei Lycoming LTS 101-750 C1 angetriebene Maschine erfreut sich in den USA großer Beliebtheit als Rettungshubschrauber. Ursprünglich wurde der Hubschrauber für Linien- und Geschäftsflüge konzipiert, erst später fand sie ihren Weg in

BELL 222 B   TYPENBLATT

Einsatzspektrum:	Primär- / Sekundärluftrettung

3,45 m

3,45 m

15,30 m

12,80 m

Leistungsdaten

Hersteller:	Eurocopter Deutschland GmbH
Triebwerke (2):	Turbomeca Arriel 1E2
Max. Leistung:	je Triebwerk 738 PS
Einsatzgeschwindigkeit:	254 km/h
Flughöhe:	6.000 m NN
Reichweite:	700 km
Kraftstoffzuladung:	867 l
Max. Abfluggewicht:	3.585 kg
Erf. Start-/Landefläche:	20 x 20 m
Besatzung:	Pilot (Co-Pilot), Rettungsassistent, Notarzt

den Ambulanzflugdienst. Die BELL 222 verfügt über einen Zweiblattrotor und hat an den Seiten zwei markante Ausbuchtungen, die das Einziehfahrwerk während des Fluges beherbergen. Trotz des modernen Designs fällt der Innenraum des Helikopters relativ klein aus. Als Rettungshubschrauber für die ausschließliche Primärrettung wird die Maschine in Deutschland nicht eingesetzt, findet aber als Intensivtransporthubschrauber des TEAM DRF-Partners HSD Verwendung.

AGUSTA A 109

Bei der Agusta handelt es sich um einen italienischen Helikopter, der in seiner ursprünglichen Form als einturbiniger Reisehubschrauber konzipiert war.

Die Agusta A 109 der Rotorflug GmbH

AGUSTA A 109 — TYPENBLATT

Einsatzspektrum: Sekundärluftrettung

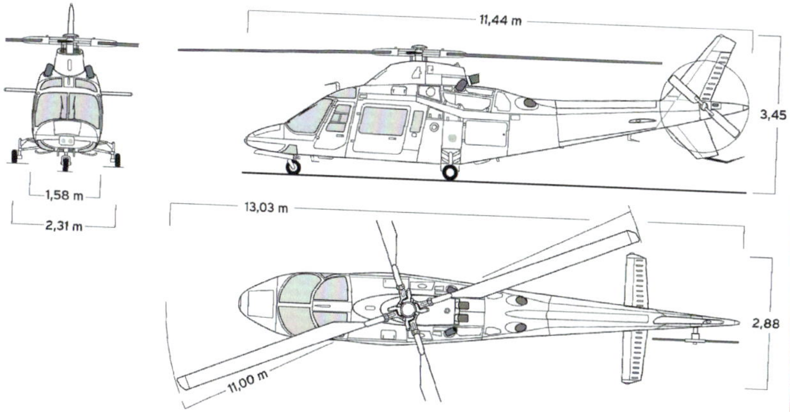

11,44 m — 3,45
1,58 m
2,31 m
13,03 m — 2,88
11,00 m

Leistungsdaten

Hersteller:	Construzioni Aeronaut. Giov. Agusta Spa Italien
Triebwerke (2):	Allison 250-C20B
Max. Leistung:	je Triebwerk 450 PS
Einsatzgeschwindigkeit:	250 km/h
Flughöhe:	4.570 m NN
Reichweite:	500 km
Kraftstoffzuladung:	550 l
Max. Abfluggewicht:	2.600 kg
Erf. Start-/Landefläche:	35 x 35 m
Besatzung:	Pilot, Rettungsassistent, Notarzt

Formschön und technisch perfekt – MD 900 Explorer

Durch Änderungen in der Konstruktion verzögerte sich die Auslieferung als Serienmaschine, da die Entwickler überzeugt waren, dass der Hubschrauber mit zwei Triebwerken für ein breiteres Einsatzspektrum genutzt werden könne. Auffallend an der A 109 sind das Einziehfahrwerk und der vorstehende Bug. Der Helikopter findet in Deutschland seine Verwendung im Ambulanzflugdienst der Rotorflug GmbH, einem TEAM DRF-Partner. Das Muster ist im Nachbarland Schweiz aufgrund seiner enormen Dienstgipfelhöhe in der Bergrettung sehr beliebt und weit verbreitet.

MD 900 EXPLORER

Der Explorer weist von der Form her eine starke Ähnlichkeit zu der im Luftrettungsdienst häufig eingesetzten Eurocopter BK 117 auf. Der Bug des Hubschraubers fällt dabei allerdings runder aus als beim beliebten Vergleichsmodell. Der MD 900 verfügt über ein Identifizierungsmerkmal, das sonst bei keinem Muster der in der Luftrettung eingesetzten Helikopter vorhanden ist: der fehlende Heckrotor. McDonell Douglas rüstete den Explorer mit einem NOTAR-System als Drehmomentausgleich aus, woraus eine erhebliche Lärmreduzierung resultiert. Die Maschine verfügt über stabile und gutmütige Eigenschaften, der Fünfblatt-Rotor sorgt für einen fast vibrationsfreien Flug. Anfänglich setzte die ADAC Luftrettung GmbH zwei Maschinen in Mainz und Hamburg als Intensivtransporthubschrauber ein; zwischenzeitlich wurden beide Maschinen jedoch nach Ablauf der Leasingzeit vom TEAM DRF übernommen und von der HSD Hubschraubersonderdienst Flugbetriebs GmbH & Co. KG zusätzlich zu der am TEAM DRF-Luftrettungszentrum Hannover stationierten MD 900 genutzt. Die Verwendung als ITH behielt man jedoch bei. Auch der MD 900 kann, wie alle Hubschrauber der TEAM DRF-Partner „dual-used" eingesetzt werden. Er ist somit als Rettungs- und Intensivtransporthubschrauber verwendbar.

HIGHTECH FÜR DIE CREW

Dass man mit einem Rettungshubschrauber auf groß angelegten Flugplätzen mit weithin sichtbarer Landebefeuerung und Luftaufsichtskontrollstelle landet, ist eher die Ausnahme. Die Notfälle treten

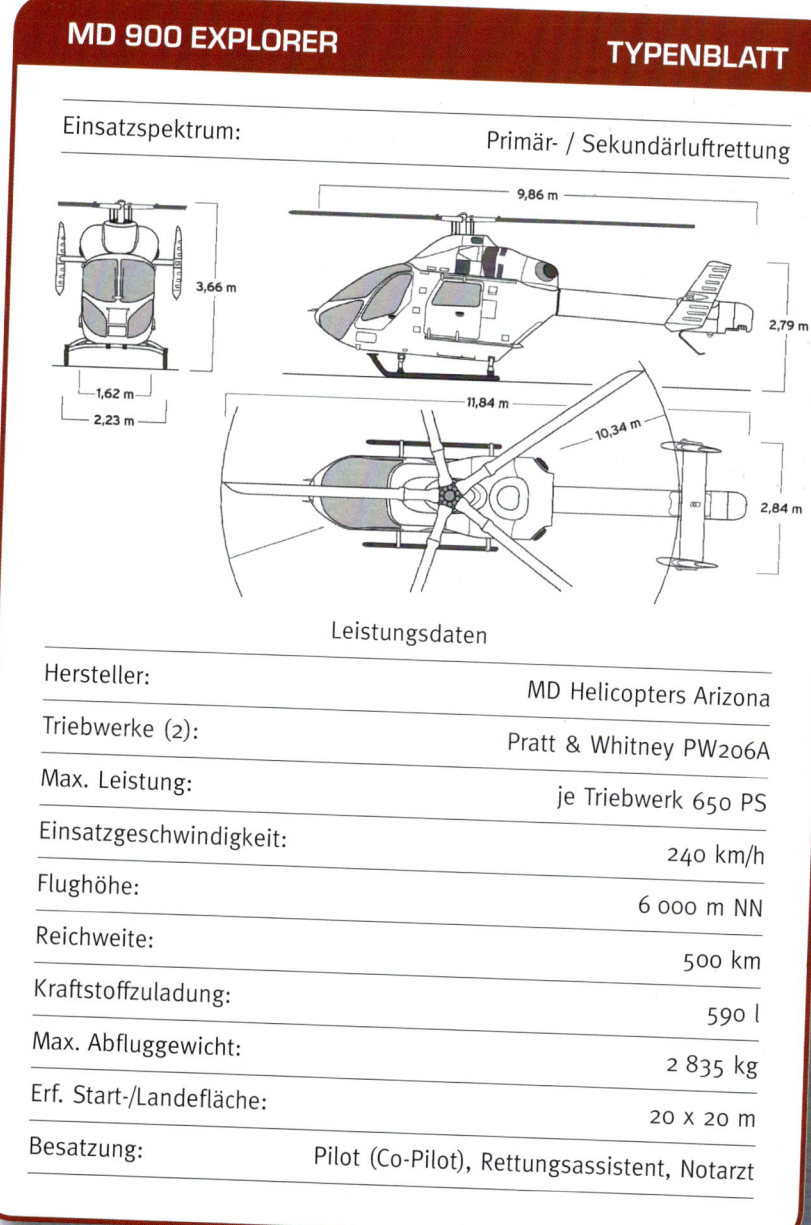

MD 900 EXPLORER — TYPENBLATT

Einsatzspektrum: Primär- / Sekundärluftrettung

9,86 m
3,66 m
2,79 m
1,62 m
2,23 m
11,84 m
10,34 m
2,84 m

Leistungsdaten

Hersteller:	MD Helicopters Arizona
Triebwerke (2):	Pratt & Whitney PW206A
Max. Leistung:	je Triebwerk 650 PS
Einsatzgeschwindigkeit:	240 km/h
Flughöhe:	6 000 m NN
Reichweite:	500 km
Kraftstoffzuladung:	590 l
Max. Abfluggewicht:	2 835 kg
Erf. Start-/Landefläche:	20 x 20 m
Besatzung:	Pilot (Co-Pilot), Rettungsassistent, Notarzt

oberes Bild: Deutlich ist das EuroNav III auf der linken Seite zu erkennen – EC 135 der DRF / unteres Bild: Ausbau einer EC 145 der ADAC Luftrettung GmbH

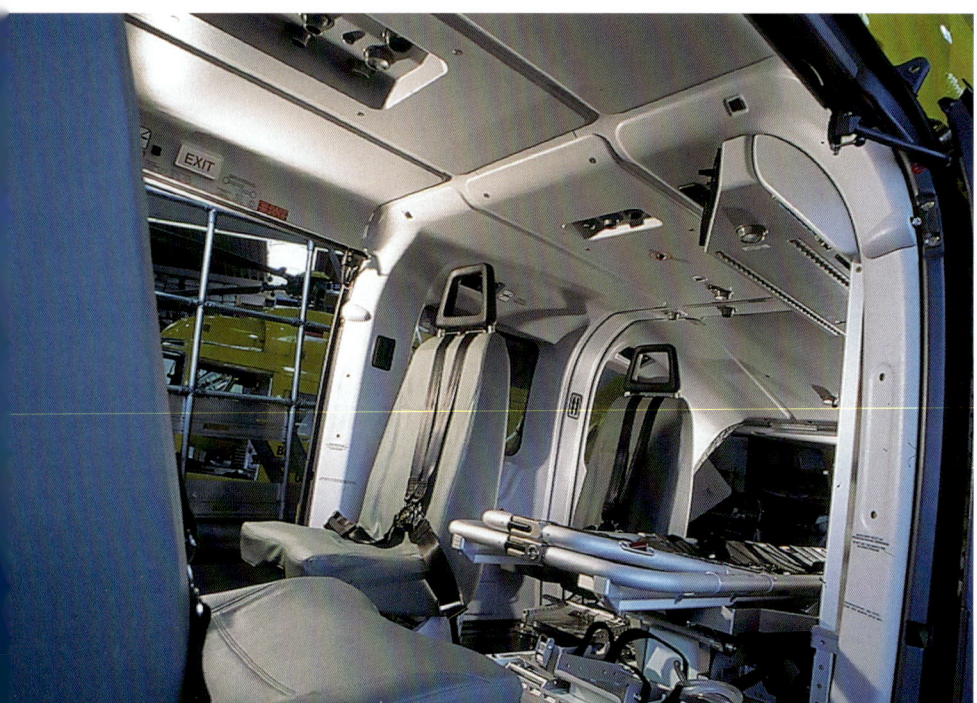

überall auf und kennen keine optimalen Landebedingungen. Autobahn, Straßenkreuzung, Vorgarten oder Schulhof – jeden Tag sind die Piloten aufs Neue gefordert, ihre Maschinen sicher auf den außergewöhnlichsten Plätzen zu landen. Damit auch kleinste Areale sicher und vor allem schnell aufgefunden werden, erhalten die Piloten – und der bei der Navigation unterstützend mitwirkende Rettungsassistent – Hilfe aus dem Weltall. Über ein satellitengestütztes Navigationssystem erhält die Crew in kürzester Zeit Informationen über den Flugweg, fast auf den Zentimeter genau wird der Notfallort auf dem Display dargestellt.

Nachdem die Mannschaft einen Alarm erhalten hat, nimmt zunächst der Notarzt seinen Platz hinter dem Piloten ein, der Hubschrauberführer fährt die Elektronik und Triebwerksysteme hoch, erhöht den Schub und wartet auf den Rettungsassistenten, der die Einsatzdaten der Leitstelle zur Maschine bringt. Durch das Einschalten der Elektronik wird auch das Navigationssystem aktiviert und binnen weniger Sekunden gibt der Rettungsassistent die Einsatzdaten in das unmittelbar vor seinem Sitz angebrachte EuroNav-III. Sofort erscheint eine farbliche Umgebungskarte auf dem Bildschirm; aktuelle flugrelevante Daten, wie zum Beispiel die zu fliegende Richtung, werden in Grad angezeigt. Westen liegt zum Beispiel bei 270°. Zwischen Start- und Landepunkt erscheint eine Gerade, die den Flugweg weist. Der Rettungsassistent unterstützt den Piloten bei der Navigation, so dass dieser sich in erster Linie auf den Hubschrauber konzentrieren kann. Diese Form der Unterstützung wird den Flugrettungsassistenten in den HEMS-Crew-Member Lehrgängen vermittelt. HEMS steht für Helicopter-Emergency-Medical-System. In diesem Lehrgang erhält der Rettungsassistent seine Fachausbildung für den Luftrettungsdienst.

Das GPS-System bietet eine ganze Reihe von Vorteilen: durch die digitale Linie auf den Monitor braucht man diese quasi nur noch abzufliegen und spart sich somit die Zeit, die Windabdrift zu berechnen. Mehrere Menüpunkte ermöglichen eine optimale Nutzung dieser Spitzentechnologie. Bei Sucheinsätzen über Wasser oder verschneitem Gelände ist die Orientierung extrem schwierig und ein entsprechendes Raster auf dem Display gibt Auskunft über die bereits abgeflogenen Flächen. Das rund 35.000 Euro teure Navigationssystem enthält dazu noch eine ganze Reihe von Datenbanken, die man in einem Auto-GPS vergeblich sucht: Hubschrauberlandeplätze, Tankanlagen, Hindernishöhen, Flugbeschränkungsgebiete und Luftraumsperrzonen. Ganz Deutschland kann bis auf Stadtplanansicht dargestellt und „angezoomt" werden. Aber die Crew verlässt sich nicht nur auf das GPS: Auch ein Kartensatz der deutschen Generalkarte und spezielle Luftfahrerkarten gehören zur Ausrüstung, um bei Ausfall des Gerätes den Einsatzort sicher anfliegen zu können.

ERGONOMISCHE KONZEPTE

Das Platzangebot eines Rettungshubschraubers ist begrenzt. Umso wichtiger ist es, die zur Überwachung und Versorgung von Notfallpatienten benötigte medizin-technische Ausrüstung nach ergonomisch wichtigen Gesichtspunkten zu ordnen. Da dabei der Schwerpunkt eines Helikopters nicht verändert werden darf, müssen gleich mehrere Aspekte bei der Unterbringung der Geräte berücksichtigt werden: Gewicht, Erreichbarkeit, Entriegelung für den Außeneinsatz und die Einsatzhäufigkeit eines Gerätes werden vor dem Einbau besprochen.

Damit ein solches Arbeitsplatzkonzept sinnvoll umgesetzt werden kann, ist es nötig, alle Erfahrungswerte der Luftretter einfließen zu lassen. Diejenigen, die täglich Patienten im Luftrettungsdienst betreuen, entwickeln rasch ein Gefühl dafür, wo Arbeitsabläufe verbessert werden können. So gilt es beispielsweise, die Monitoring-Systeme – also jene Geräte, die zur Überwachung der Kreislaufsituation eines Patienten erforderlich sind – so zu platzieren, dass sowohl der Arzt als auch der Rettungsassistent ständig Informationen über den Gesundheitszustand des Patienten einholen können.

In einem Luftfahrzeug lässt sich nicht alles einfach so einbauen, wie in einem Auto. Damit ein Einsatz von technischem Gerät in Luftfahrzeugen möglich ist, müssen auch luftfahrttechnische Kriterien erfüllt und gerätspezifische Zulassungen vorhanden sein, die nur nach eingehender Prüfung durch das Luftfahrtbundesamt in Braunschweig erteilt werden.

Beim Ausbau werden alle Leitungen exakt geplant: Anlage von Sauerstoff- und Energieversorgungsleitungen

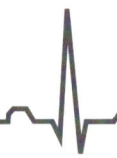

DAS PERSONAL IM LUFTRETTUNGSDIENST

LUFTRETTUNG IST AUFGABE VON PROFIS

Wer auf dem RTH arbeitet, ist Profi. Ganz gleich ob er als Pilot, Rettungsassistent oder Notarzt tätig ist. Jeder ist ein Spezialist auf seinem Fachgebiet. Erst nach langjähriger Berufserfahrung kann man sich um einen Arbeitsplatz in der Luftrettung bewerben. Die Tätigkeit erfordert Konzentration. Auch in der scheinbar einsatzfreien Wartezeit ist niemand wirklich untätig. Um im Einsatzfall mit voller körperlicher und geistiger Kraft den Notfall bewältigen zu können, sind Zeiten der Inaktivität, so genannte Relaxphasen, zwingend erforderlich. Wer jedoch glaubt, dass das Warten auf einen Einsatz erholsam ist, der täuscht sich. Die Ungewissheit ob und wann es zum Alarmstart kommt, ist für alle anstrengend. In wissenschaftlichen Studien wurde schon oft belegt, dass die Crew besonderen Belastungen ausgesetzt ist, wenn der Meldeempfänger in der Brusttasche zu piepsen beginnt: Wo liegt der Notfallort, sind es mehrere Patienten, was ist passiert? Handelt es

sich um einen Arbeitsunfall oder um einen Schlaganfall? Ist der Betroffene ein Erwachsener oder ein Kind? Wo gibt es einen Landeplatz? Wird es Hindernisse beim Landeanflug geben? Wie sind die Wetterbedingungen? Von wo weht der Wind, wie stark ist er? Reicht der Kraftstoff bis zur Spezialklinik? Fragen über Fragen schießen durch die Köpfe der Besatzung. Solche Umstände liefern Grund zur Anspannung – und diese muss professionell gemeistert werden.

DIE PILOTEN, CO-PILOTEN UND BORDWARTE

Die in der Luftrettung eingesetzten Piloten werden in der Regel aus den Reihen der Bundeswehr oder der Bundespolizei (früher Bundesgrenzschutz) rekrutiert, wenn deren Verpflichtungszeit beendet ist. Zunehmend kommen auch Piloten aus dem privat-gewerblichen Hubschrauberbetrieb zur Luftrettung, da die Bundeswehr bei weitem nicht mehr so viele Piloten ausbildet, wie in den Jahren zuvor. Die Betreiber der Luftrettungsstützpunkte sind stets darauf bedacht, das fliegerische Personal heimatnah einzusetzen. Dies hat den entscheidenden Vorteil, dass die Piloten ihr Einsatzgebiet in der Regel sehr gut kennen, da sie hier zu Hause sind. Darüber hinaus hält der Betreiber auch so genannte Springer-Piloten und „Freelancer" bereit, die im Krankheitsfall oder im Fall einer Urlaubsvertretung an verschiedenen Stationen eingesetzt werden können. Für das sichere Auffinden von Einsatzstellen ist dieses „Springen" jedoch kein Problem, da die Rettungsassistenten ebenfalls heimatnah eingesetzt werden und sich im Einsatzgebiet sehr gut auskennen. Sie unterstützen den Piloten in allen Belangen der

Sichtnavigation. Darüber hinaus sind die meisten Hubschrauber mittlerweile auch mit GPS-Navigationssystemen ausgerüstet, die nach Eingabe der gesuchten Position ein exaktes Auffinden des Notfallortes gewährleisten.

Viele Menschen glauben, dass man zum Fliegen geboren sein muss und damit liegen sie sicherlich nicht ganz falsch. Doch mehr als alles andere sind Berufspiloten heute Entscheidungs- und Verantwortungsträger in einem hochtechnisierten Umfeld. Sie bewegen sich in einem komplexen System aus Computern und Elektronik, aus Information und Kommunikation. Wer beruflich fliegen möchte, sollte wissen, auf was er sich einlässt, bevor er sich zu diesem Schritt entscheidet.

Zunächst gilt es, sich einem Eignungsauswahlverfahren zu stellen, das die Bundespolizei beispielsweise bei ihrer Fliegerstaffel in St. Augustin durchführt. Dort überprüft man den Bewerber und zukünftigen Piloten auf seine Befähigung und persönliche Eignung hin: Er muss über ausreichende Kenntnisse im naturwissenschaftlichen Bereich verfügen und sie in den Fächern Physik, Chemie und Mathematik nachweisen, sichere Englischkenntnisse sind ebenfalls unverzichtbar. Ferner werden die Merkfähigkeit und die Multifunktionsbelastbarkeit geprüft sowie Konzentrationstests durchgeführt. Die theoretische Ausbildung umfasst ca. 700 Stunden und ist aufgegliedert in die Fächer Luftrecht, allgemeine Navigation, Funknavigation, Geographie, Flugplanung, Meteorologie, Aerodynamik, Flugleistung, Beladung und Schwerpunkt, Hubschrauberkunde, Instrumentenkunde, Triebwerkskunde, Verhalten in besonderen Fällen sowie Flugphysiologie und wird mit der theoretischen Abschlussprüfung beim Luftfahrtbundesamt in Braunschweig beendet.

Die fliegerisch-praktische Ausbildung beinhaltet ca. 180 Stunden Flugausbildung für den Hubschrauberführer und ca. 100 Stunden für den Bordwart sowie über 500 Stunden technisch-praktische Ausbildung im technischen Bereich und wird ebenfalls

mit einer Prüfung vor dem Luftfahrtbundesamt abgeschlossen. Nach erfolgreichem Abschluss der Prüfungen werden die jungen Hubschrauberführer und Bordwarte in eine der fünf Bundespolizei-Fliegerstaffeln im Bundesgebiet versetzt. Hier lernen sie, das in der Ausbildung erworbene Wissen im praktischen Einsatzbetrieb anzuwenden. Neben der Verwendung als Piloten im Luftrettungsdienst zieht sie die Behörde auch zu anderen Aufgaben heran. Dazu gehören zum Beispiel die Grenzüberwachung aus der Luft, die Überwachung von Bahnstrecken, der Transport von hochrangigen Persönlichkeiten aus der Politik, die Seeüberwachung sowie umfangreiche andere polizeiliche Aufgaben. Zusätzlich zum üblichen Rahmen-Ausbildungsprogramm, kommen Fortbildungen zur Durchführung des Fluges unter Instrumentenflugbedingungen (IFR) sowie Schulungsprogramme zur Durchführung von Flügen im Gebirge oder auf hoher See.

Um als Pilot bei der ADAC Luftrettung GmbH fliegen zu dürfen, soll der Hubschrauberführer mindestens eine Flugerfahrung von 1200 Flugstunden mitbringen. Darüber hinaus muss er mindestens 500 Flugstunden als Hubschrauberführer in der Luftrettung nachweisen. Um eine Festanstellung bei der ADAC Luftrettung GmbH zu erhalten, ist auch hier ein Eignungsauswahlverfahren erfolgreich zu bestehen. Dieses Verfahren führt die fliegerpsychologische Untersuchungsstelle des Deutschen Zentrums für Luft- und Raumfahrt in Hamburg im Auftrag des ADAC durch. Der Test gilt als härtester Einstellungstest überhaupt und wird auch von anderen Luftfahrtgesellschaften – exemplarisch sei hier die Lufthansa genannt – genutzt, um das gewünschte Anforderungsprofil des zukünftigen Mitarbeiters aus psychologischer Sicht zu beurteilen. Selbst Piloten mit langjähriger Erfahrung haben vor diesem psychologischen Eignungstest äußersten Respekt. Seit einigen Jahren stellt der ADAC auch Co-Piloten ein. Dies sind fertig ausgebildete Berufshubschrauberführer mit mindestens 500 Stunden Flugerfahrung, die solange als Co-Piloten eingesetzt werden, bis die geforderten 1500 Flugstunden nachgewiesen werden können. Während dieser Ausbildungszeit erlernen die Co-Piloten das exakte Durchführen der Flugmanöver so wie es die Flugbetriebsleitung des ADAC vorsieht und als Firmenprofil festgelegt hat.

Piloten, die bei der DRF eingesetzt werden wollen, müssen sogar mehr als 2.000 Flugstunden, bevorzugt auf einem mit Doppelturbine ausgerüstetem Hubschraubermuster, nachweisen. Sofern der Bewerber diese Grundvoraussetzung erfüllt, steht bei entsprechendem Personalbedarf einer Einstellung nichts mehr im Wege. Er erhält dann die Ausbildung zum Erwerb der Musterberechtigung auf den entsprechenden Hubschraubermustern. Regelmäßig werden Trainingseinheiten zum sicheren Landen in unbekanntem Gelände, Ableistung von Tiefflug und Notverfahren absolviert. Der Umgang mit der Winde zur Rettung und Bergung von Personen gehört ebenso dazu, wie die jährlich wiederkehrenden fliegerärztlichen Untersuchungen.

Die Piloten müssen, ganz gleich bei welchem Betreiber sie beschäftigt und eingesetzt werden, einmal im Jahr von einem Sachverständigen im Auftrag des Luftfahrt-Bundesamtes geprüft werden. Bei diesem Flug ist unter Beweis zu stellen, dass sie den Hubschrauber in jeder Lage unter Kontrolle haben und wissen, wie sie sich bei eventuell auftretenden Notsituationen zu verhalten haben. DRF und ADAC unterhalten jeweils eigene Trainingsstützpunkte. Der ADAC trainiert seine Piloten auf dem Siegerlandflugplatz in der Nähe von Siegen. Die Deutsche Rettungsflugwacht führt ihre Einweisungen am DRF-Operation-Center am Baden-Airpark in Baden-Württemberg durch.

DIE RETTUNGSASSISTENTEN

Der Rettungsassistent stellt den Part der Crew dar, den man in Anlehnung an frühere Zeiten auch häufig salopp als „Sani" bezeichnet. Bevor auf die spezielle Tätigkeit und die Anforderungen im Luftrettungsdienst eingegangen wird, soll zunächst gezeigt werden, wie man Rettungsassistent wird.

Christoph Hansa im Primäreinsatz: Verkehrsunfall auf der BAB 24

*Manchmal müssen ungewöhnliche Zugangs-
wege zum Patienten genutzt werden, um die
lebensrettenden Maßnahmen durchzuführen*

Die Rettungsassistenten sind speziell für die Tätigkeit im qualifizierten Krankentransport und Rettungsdienst ausgebildet, daher spricht man auch von Rettungsfachpersonal. Es handelt sich hierbei um ein noch recht junges Berufsbild, das erst seit 1989 existiert. Zuvor hatte es als höchstmögliche Qualifizierung den Rettungssanitäter gegeben, dessen Ausbildung sich auf 520 Stunden erstreckte, also ein Minimalprogramm, welches in Vollzeitform gute drei Monate dauert. Diese Ausbildung konnte den Anforderungen einer sich stetig weiter entwickelnden Notfallmedizin nicht mehr gerecht werden. Die gesetzlichen Einzelheiten der Ausbildung werden durch das Rettungsassistentengesetz (RettAssG), sowie die Ausbildungs- und Prüfungsverordnung für Rettungsassistenten (RettAssAPrV) geregelt. Beide stammen in der Urfassung aus dem Jahre 1989, sind aber später noch überarbeitet worden. Die Umsetzung der Anforderungen erfolgt im schulischen Teil der Ausbildung an den zahlreichen staatlich anerkannten Berufsfachschulen, die praktischen Anteile werden auf speziellen Rettungswachen (so genannte „Lehrrettungswachen") und in Krankenhäusern durchgeführt. In den Krankenhäusern erfolgen die Einsätze hauptsächlich in den Bereichen, die das erforderliche Können und Wissen für die spätere Tätigkeit vermitteln können, wie etwa Notaufnahmen, Intensivstationen oder der Anästhesie-OP-Bereich.

Voraussetzung für den Zugang zum Lehrgang ist nach dem RettAssG die Vollendung des 18. Lebensjahres, die gesundheitliche Eignung zur Ausübung des Berufs sowie der Hauptschulabschluss oder eine gleichwertige Schulbildung beziehungsweise eine abgeschlossene Berufsausbildung. Wenn man die Ausbildung in Vollzeitform absolviert, gliedert sie sich in einen theoretischen Teil (mind. 1.200 Stunden) und einen praktischen Teil (mind. 1.600 Stunden). Beide Teile dauern in Vollzeitform je zwölf Monate. Der praktische Teil ist an einer geeigneten Rettungswache zu absolvieren. Die Größe der Wache, die personelle Be-

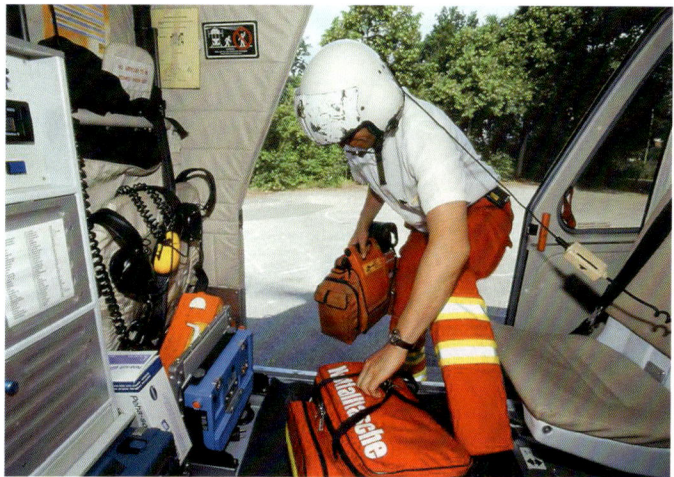

Binnen Sekunden griffbereit: das Notfallequipment

setzung und die technische Ausstattung sollen eine qualifizierte Ausbildung gewährleisten. Außerdem gilt eine Rettungswache nur dann als geeignet, wenn in ihrem Einsatzbereich ein Notarztdienst eingerichtet oder sie mit einem Notarztdienst verbunden ist. Eine Möglichkeit der Lehrgangsverkürzung haben zum Beispiel Krankenschwestern, Rettungssanitäter, Sanitätsbeamte der Bundespolizei mit Fachprüfung und Sanitätsunteroffiziere der Bundeswehr. Detaillierte Auskünfte dazu geben die Schulen für Rettungsassistenz und die zuständigen Länderbehörden.

Der Großteil der Rettungsassistenten in Deutschland versieht den Dienst eigenverantwortlich auf Krankentransportwagen (KTW) oder Rettungswagen (RTW). Der erheblich geringere Teil ist auf Notarztwagen (NAW), Notarzteinsatzfahrzeug (NEF), Intensivtransporthubschrauber (ITH) oder Rettungshubschrauber (RTH) tätig, bei denen die Rettungsassistenten gemeinsam mit dem Notarzt (und ggf. dem oder den Piloten) ein Team bilden. Sowohl die Tätigkeit auf den arztbesetzten Rettungsmitteln als auch auf solchen, die ohne Notarzt eingesetzt werden, bergen

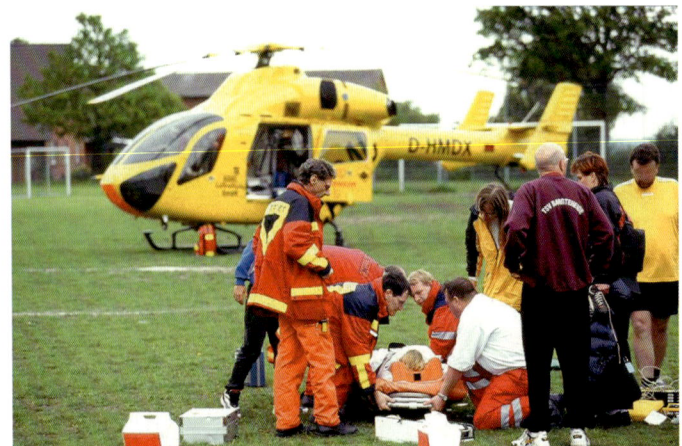 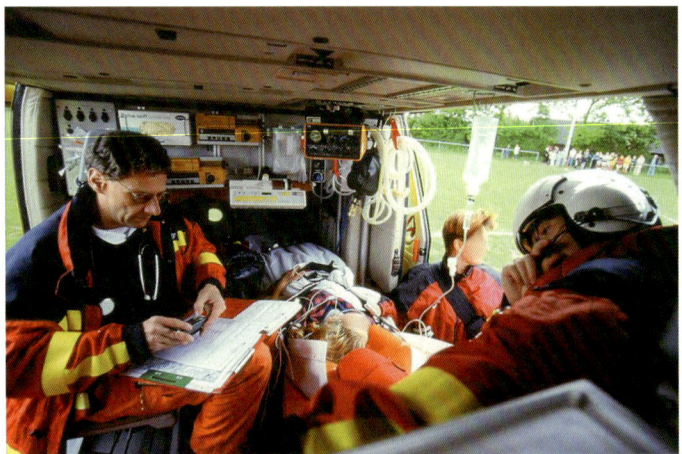

Ein Sportunfall. Der RTH hat hier kein Problem zu landen. Nach der Versorgung wird die Patientin ins Klinikum geflogen

unterschiedliche Aspekte. Viele Notfalleinsätze werden eigenständig, ohne Hinzuziehung eines Notarztes abgearbeitet. Die Rettungsassistenten auf KTW beziehungsweise RTW müssen daher häufig in einem Maße Entscheidungen treffen und verantworten, wie es die RA auf den arztbesetzten Transportmitteln nicht müssen, da diese immer den Notarzt dabei haben.

Aber auch, wenn der Notarzt hinzukommt: Bei der Mehrzahl der Notfalleinsätze sind die RTW-Besatzungen als ersteintreffendes Rettungsmittel am Einsatzort und leiten bereits eine Therapie ein, das umfasst natürlich auch erweiterte lebensrettende Maßnahmen. Insofern mag die Arbeit des Rettungsassistenten auf einem RTW anspruchsvoller erscheinen, als die des Rettungsassistenten auf einem arztbesetzten Rettungsmittel, etwa im Luftrettungsdienst. Andererseits bedingt es natürlich die Tätigkeit auf den arztbesetzten Rettungsmitteln – also auf NEF und NAW genauso wie auf dem RTH – dass sich durch die Häufung von Notfalleinsätzen eine größere Routine einstellt. Und gerade der RTH wird natürlich aufgrund seiner Raumwirkung auch zu

schwereren Ereignissen hinzugezogen. Ideal ist insofern sicherlich, wenn man als Rettungsassistent nicht nur ausschließlich im Luftrettungsdienst sondern auch im bodengebundenen Notfalldienst mitwirkt.

Anforderungsprofil für die im Luftrettungsdienst eingesetzten Rettungsassistenten

Beispielhaft seien hier die Anforderungen der ADAC-Luftrettung GmbH genannt. Das medizinische Qualitätssicherungshandbuch der ADAC Luftrettung GmbH sieht zunächst vor, dass für den Einsatz auf RTH ausschließlich Rettungsassistenten infrage kommen, die nach Abschluss ihrer Ausbildung über eine mindestens dreijährige Berufserfahrung im Rettungsdienst verfügen. Ferner müssen die Rettungsassistenten den HEMS-Crew-Member Lehrgang absolviert haben (früher Flughelfer-Lehrgang genannt). HEMS steht für „Helikopter Emergency Medical Service", also etwa „Hubschrauber in der Notfallmedizin". Die Rettungsassistenten in der Luftrettung werden demnach als HEMS-

Crew-Member (HEMS-Besatzungsmitglied) bezeichnet. Auf die Inhalte des Lehrgangs wird später noch weiter eingegangen.

Einarbeitungsphase

Nach dem erfolgreichen Absolvieren des HEMS-Crew-Member Lehrgangs schließt sich eine Einarbeitungsphase an, die mindestens 30 RTH-Dienste im ersten Halbjahr vorsieht. In dieser Zeit erfolgt u.a. die Vermittlung von Inhalten praktischer Natur,

zum Beispiel Einweisungen direkt am Hubschrauber, Übungen bezüglich des Ablesens von Cockpitinstrumenten usw. Um im Training zu bleiben, ist vorgesehen, dass nach der Einarbeitung in der Regel mindestens zwölf RTH-Dienste im Quartal geleistet werden. Eine weitere Forderung ist, dass bei RTH-Stationen mit Tagesbetrieb höchstens acht Rettungsassistenten tätig sind, um die Überlegungen zum Erhalt der Einsatzerfahrung auch umsetzen zu können. Weiterhin sind pro Jahr 30 Stunden medizinische Fortbildung durch die Rettungsassistenten zu absolvieren, dazu kommen flugtechnische Weiterbildungen.

Für den leitenden Rettungsassistenten der RTH-Station sind die Anforderungen noch höher. Er muss über mindestens 5 Jahre Berufserfahrung nach Abschluss seiner Ausbildung verfügen und muss darüber hinaus selber aktiv am Dienstbetrieb teilnehmen (mindestens 12 RTH-Dienste im Quartal).

JAA, JAR-OPS

Bevor die Inhalte der HEMS-Crew-Member Ausbildung beleuchtet werden, zunächst noch einige wichtige Hintergrundinformationen zu den rechtlichen Grundlagen: Die Arbeitsgemeinschaft

Stabilisierung eines polytraumatisierten Motorradfahres durch die Crew des Christoph 2, Frankfurt

verschiedener europäischer Luftfahrtbehörden, die Joint Aviation Authorities (JAA, Sitz in den Niederlanden) verfolgt das Ziel, nationale Vorschriften zu vereinheitlichen und europäische Standards und Luftfahrtvorschriften zu erarbeiten und einzuführen. In den Joint Aviation Authorities sind derzeit 36 nationale europäische Luftfahrtbehörden vereint. Die entwickelten Standards nennen sich Joint Aviation Requirements (JARs) und werden auf dem Wege der Anerkennung in jeweils nationales Recht überführt. Den Bereich des eigentlichen Flugbetriebes (Operations) deckt der Teil JAR-OPS ab. JAR-OPS 3 („Commercial Air Transportation – Helikopters") beinhaltet u.a. Betriebsvorschriften für den gewerblichen Transport von Personen oder Sachen. Durch Verordnung des Bundesministeriums für Verkehr, Bau- und Wohnungswesen (BMVBW) wurden diese ab 1. Oktober 1998 als „JAR-OPS 3 deutsch" rechtskräftig. JAR-OPS 3 enthält ein Kapitel HEMS (Helikopter Emergency Medical Service), welches sich speziell Noteinsätzen mit Hubschraubern widmet.

HEMS-Crew-Member (HCM)

JAR-OPS 3 definiert den Begriff des HCM folgendermaßen:

„Eine Person, die für einen medizinischen Hubschraubernoteinsatz eingeteilt ist, um im Hubschrauber beförderte Personen, die medizinische Hilfe benötigen, zu versorgen und um den Piloten während des Einsatzes zu unterstützen. Diese Person bedarf einer besonderen Ausbildung (...)." Gerade bei einer aus drei Personen bestehenden Crew kommt dem Luftrettungsassistenten besondere Bedeutung zu. Bei einigen Hubschraubermustern wie der BELL UH-1D (z.B. SAR 71 Hamburg) oder der BELL 212 (Christoph 12 Eutin), wird zur Unterstützung des Piloten ein Bordwart eingesetzt. Die meisten Hubschraubermuster hingegen, wie die EC 135, die BK 117 oder die MD 900, werden tagsüber üblicherweise zu dritt besetzt. (Ausnahmen können Hubschrauber sein, wie die in Murnau stationierte

BK 117, die mit einer Außenwinde ausgestattet ist und daher ebenfalls zu viert besetzt wird oder Nachtflüge, bei denen in der Regel zwei Piloten eingesetzt werden). Schon immer fiel den Rettungsassistenten auf zu dritt besetzten Hubschraubern ein erweitertes Aufgabenspektrum zu: Hierzu gehört unter anderem die Navigation mit speziellen Karten für die Luftfahrt, die Luftraumbeobachtung, gegebenenfalls die Durchführung von Flugfunk, Einsprechen des Piloten beim Landeanflug, Sicherung des Hubschraubers während der Startphase und nach der Landung u.v.m. Die Besonderheit ist nun, dass die JAR-OPS 3.005 (d) für den Luftrettungsassistenten eine bestimmte Qualifikation und Aufgabengebiet vorschreibt. Wer heute in der Luftrettung HEMS-Crew-Member (HCM) wird, der absolviert zunächst einen 10 Tage umfassenden HCM-Lehrgang (gemäß JAR-OPS 3). Der ADAC war die erste Luftrettungsorganisation, die bereits Mitte der 1970er Jahre erkannte, dass spezielle Einweisungslehrgänge erforderlich sind. Für einige Stationen mit einem besonderen Aufgabenspektrum ergeben sich weiterhin spezielle Anforderungen an die Einsatzerfahrung der Rettungsassistenten. Dies betrifft

oben: Dokumentation ist wichtig – der Notarzt begleitet den Patienten im Rettungswagen und führt das Übergabeprotokoll
rechts: Notarzt an einer TEAM DRF-Maschine von HSD

zum Beispiel den Einsatz der Rettungswinde oder dem Bergetau, grenzüberschreitende Einsätze oder einen hohen Anteil an Intensivverlegungen. So sind beispielsweise entsprechende Windentrainings inklusive Einsatzerfahrung mit speziellen Bergeeinrichtungen, Sprachkenntnisse oder intensivmedizinische Kenntnisse erforderlich.

DIE NOTÄRZTE

Wer Notarzt auf einem Rettungshubschrauber werden möchte, muss zunächst einmal ein mindestens sechs Jahre dauerndes Studium der Humanmedizin an einer Hochschule absolvieren. Anschließend muss der approbierte Mediziner klinische Erfahrung sammeln, davon mindestens ein Jahr lang eine Intensivstation verantwortlich betreut haben. Wer als Arzt mindestens 18 Monate an einem Krankenhaus beschäftigt ist, kann anschließend den sogenannten „Fachkundenachweis Rettungsdienst" erwerben. Bei erfolgreichem Abschluss dieser Weiterbildung kann er als Notarzt im Rettungsdienst eingesetzt werden. Obwohl damit die rechtlichen Voraussetzungen erfüllt sind, muss der Arzt Erfahrungen im bodengebundenen Rettungs- und Notarztdienst sammeln, bevor er als verantwortlicher Notarzt im Luftrettungsdienst eingesetzt wird. Eine direkte Fachrichtung ist zwar nicht vorgeschrieben, die meisten Mediziner auf einem RTH stammen allerdings aus dem Fachbereich der Anästhesie und der Intensivmedizin, da gerade diese Ärzte mit dem Management der Atmung und Kreislaufstabilisation bestens vertraut sind. Auch erfahrene Chirurgen werden gern für den Einsatz auf den RTH rekrutiert, da ein großes Spektrum der Notfälle chirurgischer Natur ist. Im Rahmen des Qualitätsmanagementsystems der DRF sichert überdies ein eigenes medizinisches Leitungsteam die hohe medizinische Qualität der Arbeit aller eingesetzten Notärzte und Rettungsassistenten.

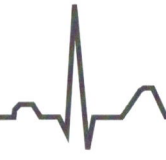

KOORDINATION RETTUNGSLEITSTELLE UND HUBSCHRAUBER

RETTUNGSLEITSTELLE

Damit ein Luftrettungseinsatz sinnvoll koordiniert ablaufen kann, ist es erforderlich, genau wie beim bodengebundenen Rettungsdienst auch, die Koordination über eine Rettungsleitstelle abzuwickeln. Eine Rettungsleitstelle gilt als Schnittstelle zwischen Hilfesuchenden und Hilfeleistenden. Hier werden die Notrufe von den Leitstellendisponenten entgegengenommen und dem geeigneten Rettungsmittel zugewiesen. Bei der Wahl des Rettungsmittels entscheidet der Disponent grundsätzlich

nach Art des Einsatzes sowie der Nähe des Rettungsmittels zum Notfallort. Die Leitstelle ist also das Lenkungs-, Kommunikations- und Informationszentrum des Rettungsdienstes. Der Disponent bewertet die Notrufe und entscheidet über die der Leitstelle zugeordneten Rettungsmittel, plant und steuert den gesamten Ablauf der Einsätze und Transporte, sucht falls nötig ein geeignetes Krankenhaus für den Patienten und informiert die Klinik über dessen Ankunft und Gesundheitszustand.

Die Leitstelle entscheidet nach Eingang des so genannten Meldebildes, ob es sich um einen Notfall handelt oder um einen schlichten Krankentransport. Sie entscheidet darüber, ob der als Notfalleinsatz bewertete Notruf mit einem Notarzt durchgeführt werden muss, oder ob eine Versorgung durch das Rettungsdienstpersonals ohne ärztliche Unterstützung ausreichend ist. Liegt kein akuter Notfall vor, werden diese Einsätze als dringliche oder disponible, das heißt planbare, Krankentransporte eingestuft.

Die Leitstelle arbeitet mit den örtlichen Krankenhäusern, der Polizei, den Feuerwehren und dem Katastrophenschutz eng zusammen. Jeder Rettungsdienstbereich wird durch eine Rettungsleitstelle gelenkt. Die Ausstattung von Rettungsleitstellen entspricht in aller Regel dem aktuellen Stand moderner Kommunikationstechnologie. Die Bearbeitung der eingehenden Einsätze erfolgt normalerweise rechnergestützt. Neben der optimalen Technik kommt gerade der personellen Besetzung in Rettungsleitstellen eine erhebliche Bedeutung zu. Die Wahl des richtigen Rettungsmittels in Abhängigkeit von der Notfallmeldung erfordert von den Leitstellenmitarbeitern eine hohe Fachkompetenz und Erfahrung. Durch den Einsatz von besonders erfahrenem Fachpersonal besteht ferner die Möglichkeit, dass die Leitstellendisponenten dem Hilfesuchenden bereits erste Instruktionen geben können, was die Effizienz der „Ersten Hilfe" deutlich verbessert.

Im Gegensatz zum bodengebundenen Rettungsdienst, dessen Fahrzeuge in einem relativ eng begrenzten Raum operieren, erfolgt die Einsatzlenkung bei einem Einsatz von Rettungshubschraubern – durch deren erheblich größeren Einsatzradius – überregional. Deshalb ist es nicht selten, dass eine Rettungsleitstelle, die mit einem Hubschrauber direkt verbunden ist, über ihren Einzugsbereich hinaus mit anderen Rettungsleitstellen zusammenarbeiten muss. Nur durch eine reibungslose Zusammenarbeit können die Vorteile der Luftrettung im Interesse des betroffenen Notfallpatienten voll ausgeschöpft werden. Ob die Rettungsleitstelle den Rettungshubschrauber oder den bodengebundenen Notarztdienst entsendet, hängt vor allem von einsatztaktischen Gesichtspunkten ab, zum Beispiel von der Tageszeit und der Witterung. Auch wird die geografische Lage des Einsatzortes beurteilt.

Bei einem akuten Notfall im innerstädtischen Bereich wird der bodengebundene Notarztdienst meist wesentlich schneller den Notfallort erreichen können als der Hubschrauber, wobei wiederum das Luftrettungsmittel in ländlichen Regionen gegenüber dem bodengebundenen Notarztdienst deutliche Vorteile aufweist. Obwohl heutige Rettungshubschrauber ohne weiteres die Möglichkeit haben, Notfallpatienten zu transportieren, wird die zuständige Rettungsleitstelle normalerweise zusätzlich einen Rettungswagen zum Notfallort entsenden. Einerseits steht dann mit Eintreffen des Rettungsfahrzeuges ein adäquater Behandlungsraum für den Patienten zur Verfügung; andererseits ist das Luftrettungsmittel, wenn sich im Rahmen der Versorgung

herausstellen sollte, dass der Transport mit dem Hubschrauber nicht zwingend notwendig ist, schneller für Folgeeinsätze frei.

Sollte sich aufgrund der eingehenden Notfallmeldung bereits frühzeitig herausstellen, dass zur klinischen Weiterbehandlung des Patienten eine Spezialklinik nötig ist, bietet sich ein frühzeitiger Einsatz des Hubschraubers an. Dies gilt für schwere Schädelverletzungen ebenso, wie für Verbrennungen mit großflächigen Ausmaßen oder Amputationsverletzungen, die letztendlich nur in einem gefäßchirurgischen Spezialzentrum mit Replantationsschwerpunkt behandelt werden können. Neben Spezialzentren für Schwerbrandverletzte gibt es mittlerweile auch zahlreiche Traumazentren, die sich auf die Behandlung von Wirbelsäulenpatienten spezialisiert haben. Aber nicht nur der chirurgische Notfallpatient bedarf einer auf ihn abgestimmten Fachklinik: Auch neurologische Erkrankungen wie der Schlaganfall werden mit zunehmender Bedeutung in Spezialzentren, den so genannten „stroke units", behandelt.

Die Aufgaben der Rettungsleitstelle sind allerdings keineswegs auf die Alarmierung des RTH und die Entgegennahme von Einsatzanforderungen durch andere Leitstellen beschränkt. Sie

Anderer Reitunfall, gleicher Ablauf: Schnell ist der RTH am Ziel, später arbeiten Luftretter und örtlicher Rettungsdienst eng zusammen.

stellt auch ein wichtiges Bindeglied zwischen dem Hubschrauber und dem aufzunehmenden Krankenhaus dar. Ist der Patient durch die Hubschrauberbesatzung versorgt worden, wird sich diese mit der Rettungsleitstelle in Verbindung setzen. Nach Mitteilung der ersten Diagnose, stellt der Disponent der Leitstelle einen Kontakt zur geeigneten Klinik her und informiert diese über die geplante Ankunft des Patienten. Während die Crew den Patienten stabilisiert, bereitet die Zielklinik alle notwendigen Maßnahmen für die weitere Therapie vor.

„EINSATZ FÜR DEN RTH!"
EINE KLEINE REPORTAGE

Viele weibliche Teenager reiten für ihr Leben gern, Daniela* (16) macht da keine Ausnahme. In ihrer süddeutschen Heimat zeigt sich der Spätsommer gerade noch einmal von seiner besten Seite: Der laue Abend lädt zu einem Ausritt geradezu ein. Doch Daniela kommt nicht weit. Der Reiterhof ist fast noch in Sichtweite, als ihr Pferd ausbricht. Panisch steigt es vorne hoch, die

Schülerin hat keine Chance sich im Sattel zu halten; vollkommen unkontrolliert stürzt sie hart auf dem trockenen Feldweg, die Hufe des panischen Tieres treffen Danielas Oberschenkel.

Zur gleichen Zeit hat das Team des nächstgelegenen „Christoph"-Helikopters bereits gut zehn Stunden Schicht hinter sich, seit Sonnenaufgang stehen sie bereit. Während der Notarzt seinen normalen Stationsdienst in der angeschlossenen Klinik verrichtet, haben Rettungsassistent und Pilot einen Moment Zeit, ebenfalls das gute Wetter zu genießen. Nur eine kleine Pause zwischen Wartungs- und Verwaltungsarbeiten – ohnehin lauert das Piepsen des Funkmeldeempfängers ständig im Hintergrund.

Daniela hat Schmerzen, ist geschockt, bleibt am Boden liegen. Zur ihrem Glück haben Spaziergänger das dramatische Geschehen beobachtet. Sie kommen dem Mädchen zur Hilfe. Kurz darauf geht der Notruf in der örtlichen Kreisleitstelle ein. Dort ist für den Disponenten rasch klar: Ein Sturz aus größerer Höhe, dazu die ländliche Umgebung –„Einsatz für RTH!" Parallel wird außerdem ein Rettungswagen entsandt.

Nach der umfassenden Versorgung wird die junge Patientin transportfähig gemacht und vom Helikopter in die Klinik gebracht.

Als die Alarmierung nur Sekunden später die Crew des Rettungshubschraubers erreicht, übernimmt jeder des Trios schnell und routiniert seinen Part: Der Pilot macht die Maschine klar, startet bereits die Turbinen. Der Rettungsassistent kontaktiert die Leitstelle, erfragt das genaue Ziel und versucht Details zum Einsatz zu bekommen. Auf einer großen Karte an der Hangarwand markiert er mit einem Lineal die Flugrichtung, liest die entsprechende Gradangabe ab, hilft dem Piloten so bei der Navigation. Als Letzter erreicht schließlich der Arzt den Hubschrauber, setzt den Helm mit dem Bordfunk auf, denn der rasende Lärm der Triebwerke macht jede andere Verständigung unmöglich. Der Mediziner erfährt die schlichte Meldung: „Reitunfall." Da ist von einer leichten Gehirnerschütterung mit ein paar blauen Flecken bis hin zu Schädelhirntrauma oder Querschnittslähmung alles möglich...

Nach kaum sechs Minuten kommt die Einsatzstelle aus der Luft in Sicht. Der Anflug erfolgt planmäßig gegen den Wind und eigentlich bietet eine angrenzende Wiese ungewohnt gute Verhältnisse für die Landung. Trotzdem bleiben Pilot und Rettungs-

sassistent, die gemeinsam die Landefläche nach Problemstellen sondieren, sehr nervös: Wo ist das Pferd? Einen verängstigten Vierbeiner möchte niemand in der Nähe seines Helikopters haben. Als der Rotor Staub aufwirbelt und die Kufen die grünen Halme platt drücken, kann die Besatzung noch nicht wissen, dass Mitarbeiter des Reiterhofes den Unfall inzwischen ebenfalls bemerkt und das Pferd in ihre Obhut genommen haben. Vom RTW ist vorerst nichts zu sehen. Der Zeitvorteil der Luftretter ist offensichtlich.

Mit Notfallrucksack, EKG- und Sauerstoffgerät eilen Notarzt und RA zu der jungen Patientin. Sie ist weiterhin ansprechbar – ein gutes Zeichen. Doch vor allem die Schmerzen durch das verletzte Bein, das sich in völlig abnormer Lage befindet, sind eine Tortur. Der erste „Body-Check" des Arztes ergibt: Eine offene Oberschenkelfraktur, ansonsten sind nur ein paar Hautabschürfungen im Gesicht und an den Beinen sichtbar. Daniela klagt über Kopfschmerzen und Schwindel. Ihre Arme und Beine kann sie aber bewegen, das Elektrokardiogramm zeigt einen stabilen Kreislauf. Lebensgefahr besteht offensichtlich nicht. Allerdings

schwebt über der jungen Frau weiter das Damokles-Schwert einer Lähmung. Den zweifelsfreien Ausschluss einer Wirbelsäulenverletzung kann erst die klinische Diagnostik bringen.

Während der Pilot die Maschine sichert, legt der Notfallmediziner einen venösen Zugang. Als erstes wird eine Infusion zur weiteren Stabilisierung des Kreislaufs angehängt. Da Notarzt und Rettungsassistent noch allein arbeiten, bekommt kurzerhand ein Ersthelfer den Infusionsbeutel, um ihn hochzuhalten. Gleichzeitig bereitet der RA weitere Medikamente vor. Vor allem „Analgetika", hochwirksame Schmerzmitteln, sollen Danielas Lage rasch verbessern, denn über den venösen Zugang gehen sie direkt ins Blut.

Endlich dringt von der Landstraße das Martinshorn des RTW herüber. Mit seinem Eintreffen kümmern sich nun vier qualifizierte Helfer um Daniela. Sie decken die klaffende Wunde am Oberschenkel steril ab und sorgen vor allem für eine behutsame Fixierung der Jugendlichen: Eine Halskrause aus Kunststoff, „Stiff-Neck" genannt (zu Deutsch eigentlich: „steifer Hals"), stabilisiert die Wirbelsäule im oberen Bereich. Mit einer Schaufeltrage betten die Retter Daniela auf eine Vakuummatratze, die

ihren Körper wie ein Gipsbett vollkommen umschließt. Denn tausende kleiner Styroporkügelchen können sich exakt ihrer Körperform anpassen und liegen nach dem Absaugen der Luft extrem fest an.

Der Pilot checkt derweil noch einmal die Maschine durch und hält in erster Linie Kontakt zur Leitstelle: Welches Krankenhaus in der Nähe ist aufnahmebereit? Als der Notarzt schließlich entscheidet „sicherheitshalber fliegen wir die Patientin" kann es sofort losgehen. Doch Daniela hat Angst vor dem Transport auf dem Luftweg. Die erfahrenen Rettungsflieger beruhigen sie, Kopfhörer schirmen sie gegen den Fluglärm im Inneren der Maschine ab. Rund eine halbe Stunde nach dem tragischen Ende ihres Reitausfluges liegt Daniela im Rettungshubschrauber.

Der Anschluss an ein Monitoring-System gewährleistet auch unterwegs eine permanente Überwachung sämtlicher Vitalfunktionen. Eine unverzichtbare Kontrolle, denn die offene Fraktur des Oberschenkels birgt die Gefahr eines großen Blutverlustes in kurzer Zeit, was den Zustand gravierend verschlechtern könnte. Vorbeugend legt der RA einen weiteren venösen Zugang an Danielas Unterarm und schiebt ihr behutsam eine Sauerstoffsonde in die Nase. Über Funk hält das Team die Einsatzleitstelle auf dem Laufenden, die ihrerseits sämtliche Informationen umgehend an die Zielklinik weitergibt. Auf diese Weise wird eine optimale – weil lückenlose – Versorgung garantiert.

Als der Hubschrauber nach acht Minuten auf dem Heli-Pad des Hospitals aufsetzt, erwarten Ärzte und Klinikpersonal ihn bereits; der Schockraum ist präpariert, um unverzüglich eine Therapie einzuleiten. Die Besatzung des Hubschraubers „übergibt" Daniela: Der Notarzt schildert den Kollegen die Situation am Unfallort sowie die vom ihm eingeleiteten Maßnahmen. Gerade eben findet der Rettungsassistent noch Zeit, die Patientendaten zu übermitteln, als es in der Brusttasche der Flight-Crew schon wieder piepst: „Einsatz für den RTH!"   *Name geändert

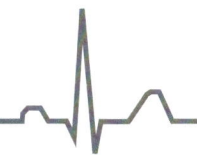

IN DER LUFT GILT:
RETTUNG IST TEAMARBEIT

PRIMÄRLUFTRETTUNG

Im organisierten Luftrettungsdienst ist der alleinige Einsatz eines Rettungshubschraubers eher die Ausnahme. Dass eine Kooperation zwischen den bodengebundenen Rettungsdienst nicht nur wünschenswert sondern zwingend erforderlich ist, bleibt unumstritten. Nur wenn alle an der Rettungskette Beteiligten reibungslos miteinander kooperieren, kann die Versorgung für den Notfallpatienten optimal gestaltet werden. Dies gilt für alle Arten von Einsätzen, ganz gleich ob es sich um einen einfachen Verkehrsunfall handelt, bei dem eine Person betroffen ist, oder ob sich das Einsatzgeschehen auf eine größere Anzahl von Verletzten im Rahmen eines Großschadensereignisses bezieht.

Die Unterstützung der Hubschrauberbesatzungen durch den bodengebundenen Rettungsdienst oder andere Hilfskräfte beginnt bereits mit der Alarmierung. Konkurrenzgedanken oder Selbstüberschätzungen zur Bewältigung des Einsatzgeschehens dürfen erst gar nicht aufkommen. Deswegen sollte bei bestimmten Erkrankungen und Verletzungen von vornherein an die Alarmierung des Rettungshubschraubers gedacht werden, um hier nicht nur die zeitlichen Vorteile in Bezug auf das verkürzte therapiefreie Intervall nutzen zu können, sondern auch die Versorgung des Patienten in der Zielklinik zu optimieren. Eine Einlieferung in das nächstgelegene Krankenhaus nützt dem Patienten wenig, wenn dieses nicht in der Lage ist, die Erkrankung oder Schwere der Verletzung adäquat zu versorgen.

Ist der RTH bereits in der Luft, so kann das am Boden befindliche Personal wertvolle Unterstützung für das sichere Auffinden

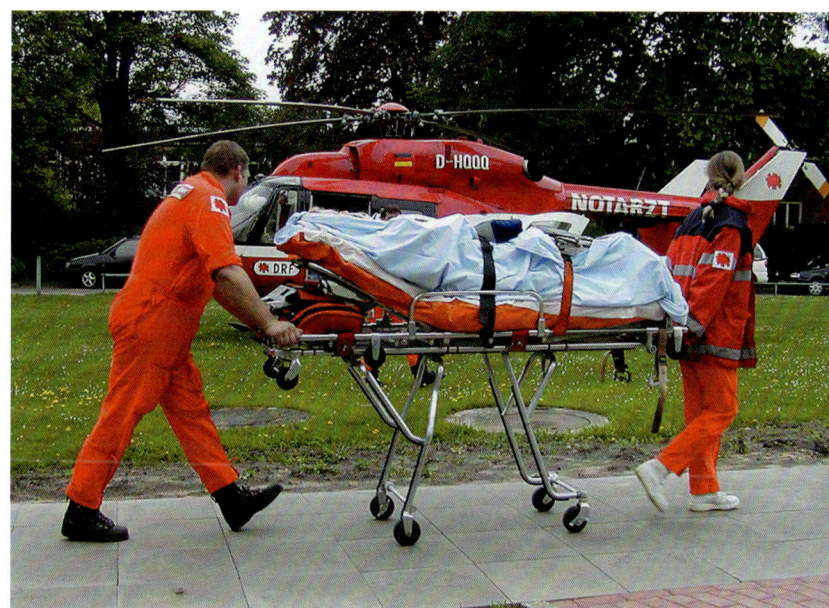

des Notfallortes leisten. Damit die Crew ihren Einsatzort unverzüglich erreicht, müssen die Ortsangaben exakt formuliert und Hinweise auf markante Zeichen (Kirchtürme, Eisenbahnlinien, Industrieanlagen, Flussläufe u. ä.) gegeben werden. Ist die Landung mit dem Hubschrauber auf einer Straße unvermeidlich, ist es gängige Praxis, diese bereits in ausreichendem Maße für die Landung abzusichern. Die Feuerwehren und die Polizei zeichnen sich für die Sperrung des Straßenabschnitts zum Zweck der sicheren Landung verantwortlich und übernehmen diese Aufgabe.

Schwerer Verkehrsunfall auf der A24: Ein Wohnmobil ist in der Graben gestürzt, die Feuerwehr muss die Verletzten befreien...

Um Kollisionen mit den Rotorblättern, zum Beispiel durch Lastkraftwagen, die die Einsatzstelle passieren wollen, zu vermeiden, ist es ratsam, die Sperrung erst nach der Versorgung des Patienten und dem Abflug des Hubschraubers aufzuheben. Für einen Hinweis auf etwaige Gefahren am Boden (lockerer Untergrund, Astwerk, Schräghanglage oder Freileitungen) ist jeder Pilot dankbar. Um das Gefahrenpotenzial für die Helfer am Boden zu minimieren, soll man sich der Maschine nicht bei laufenden Rotoren und nur nach Sichtkontaktaufnahme mit dem Piloten nähern. Das Verletzungsrisiko durch den rotierenden Heckrotor ist immens, so dass eine Annäherung an den RTH von hinten strengstens verboten ist.

Sofern der Bodenrettungsdienst vor dem Eintreffen des Hubschraubers die Einsatzstelle erreicht, ist es von großem Vorteil, durch eine kurze Rückmeldung an den Hubschrauber die medizinische Crew über das Zustandsbild des Patienten zu informieren. Somit ist es möglich, dass der Notarzt und der Luftrettungsassistent etwaige Versorgungsstrategien absprechen können. Sollte sich bereits während des Fluges herausstellen, dass der Patient nur in einem Spezialzentrum versorgt werden kann, hat der Pilot die Möglichkeit, über die Rettungsleitstelle umgehend ein geeignetes Zielkrankenhaus ausfindig machen. Die Rettungsleitstelle wird unmittelbar nach oder auch schon während der Versorgung nähere Informationen über den Patienten erhalten und an das Zielkrankenhaus weitergeben. Durch diese koordinierte Absprache kann bereits mit der Vorbereitung des Schockraums zur Aufnahme des Patienten begonnen werden. Unter Umständen ist es erforderlich, dass ein Ärzteteam in der Nähe des Hubschrauberlandeplatzes auf die Landung des Hubschraubers wartet, um den Patienten sofort zu übernehmen.

Durch dieses „Hand in Hand" arbeiten, verkürzt sich die Zeit der präklinischen Versorgung erheblich, was sich vorteilhaft auf die Genesung des Patienten auswirkt.

SEKUNDÄRLUFTRETTUNG

Durch den anhaltenden Reformkurs des Gesundheitswesens in der Bundesrepublik Deutschland wird sich eine zunehmende Anzahl von Krankenhäusern spezialisieren. Dies führt zwangsläufig dazu, dass immer mehr Krankenhäuser nach Abschluss der Akutversorgung ihre Patienten auf dem Luftweg in ein Spezialzentrum überführen werden. Experten erwarten einen Anstieg von mehr als 20 Prozent des bisherigen Einsatzaufkommens in den nächsten Jahren. Vor diesem Hintergrund sprach sich der ADAC auf der 12. Fachtagung Luftrettung im Jahr 2001 für die

Anschaffung von Hubschraubermustern aus, mit denen sowohl die Primärluftrettung als auch Sekundärverlegungsflüge durchgeführt werden können. Die Möglichkeit, einen Hubschrauber sowohl für den Rettungsdienst als auch für Intensivverlegungseinsätze zu nutzen, ist in erster Linie vom medizinischen Equipment abhängig. Patienten, die in einer Klinik wegen ihrer Erkrankung an ein bestimmtes Beatmungsmuster gebunden sind, müssen mittels besonderer Beatmungsgeräte auch während des Fluges weiterhin differenziert beatmet werden. Um solche Patienten während des Transportes optimal zu betreuen, verfügt zum Beispiel das TEAM DRF flächendeckend hoch moderne Beatmungsgeräte wie das Dräger Oxylog 3000.

Sobald ein Hubschrauber aufgrund seiner technischen Voraussetzungen sowohl für den Rettungsdienst, als auch für Intensivverlegungen genutzt werden kann, spricht man von einem

...ehe sie von der Crew des schon bereitstehenden SAR-Hubschraubers notfallmediznisch versorgt werden können.

„dual-use-helicopter". Die „dual-use"-Fähigkeit ist mittlerweile auch Bestandteil der europäischen Vorschrift JAR-OPS, so dass künftig ausschließlich Hubschrauber mit dieser Doppelnutzung zum Einsatz kommen.

Der Transport eines Patienten mit dem Intensivtransporthubschrauber (ITH) ist ebenso Bestandteil des Rettungsdienstes wie die Primärrettung. Bei Sekundäreinsätzen werden Patienten unter intensivmedizinischen Bedingungen von erfahrenen Ärzten und Rettungsassistenten transportiert. Das Krankheitsbild ist bei Übernahme des Betroffenen durch die Intensivtransporthubschrauberbesatzung bekannt. Bei diesen Patienten findet eine Verlegung für therapeutische oder diagnostische Maßnahmen statt, die am verlegenden Krankenhaus nicht durchführbar sind. Der Einsatz von in die Rettungskette integrierten Primärrettungshubschraubern für Sekundärtransporte findet nur dann statt, wenn es um einen zeitkritischen Intensivtransport – zum Beispiel zu einer lebensrettenden Operation – geht. Hierbei handelt es sich in der Regel um Verlegungsflüge auf kürzeren Distanzen. Ein Ausfall dieses Primärrettungsmittels im Notfall aufgrund einer sekundären Transportleistung wird dabei in Kauf genommen.

In Deutschland gibt es eine ausgewogene Mischung von Rettungs- und Intensivtransporthubschraubern. Innerhalb des TEAM DRF werden beispielsweise 14 RTH und 14 ITH eingesetzt, neun Hubschrauber sogar im 24-Stunden-Betrieb.

Für den Sekundäreinsatz in der Luftrettung ergeben sich zusätzliche Überlegungen, die wichtige Kriterien zur Einsatzbewältigung beinhalten. Der Transport sollte patientengerecht durchgeführt werden. Dazu gehört vor allem die medizinische Indikationsstellung. Sie muss durch den Arzt, der den Sekundäreinsatz leitet, überprüft werden. Auf jeden Fall ist es jedoch erforderlich, sich vor Flugantritt über den Zustand des Patienten zu informieren. Der Hubschrauberarzt hält vorab Rücksprache

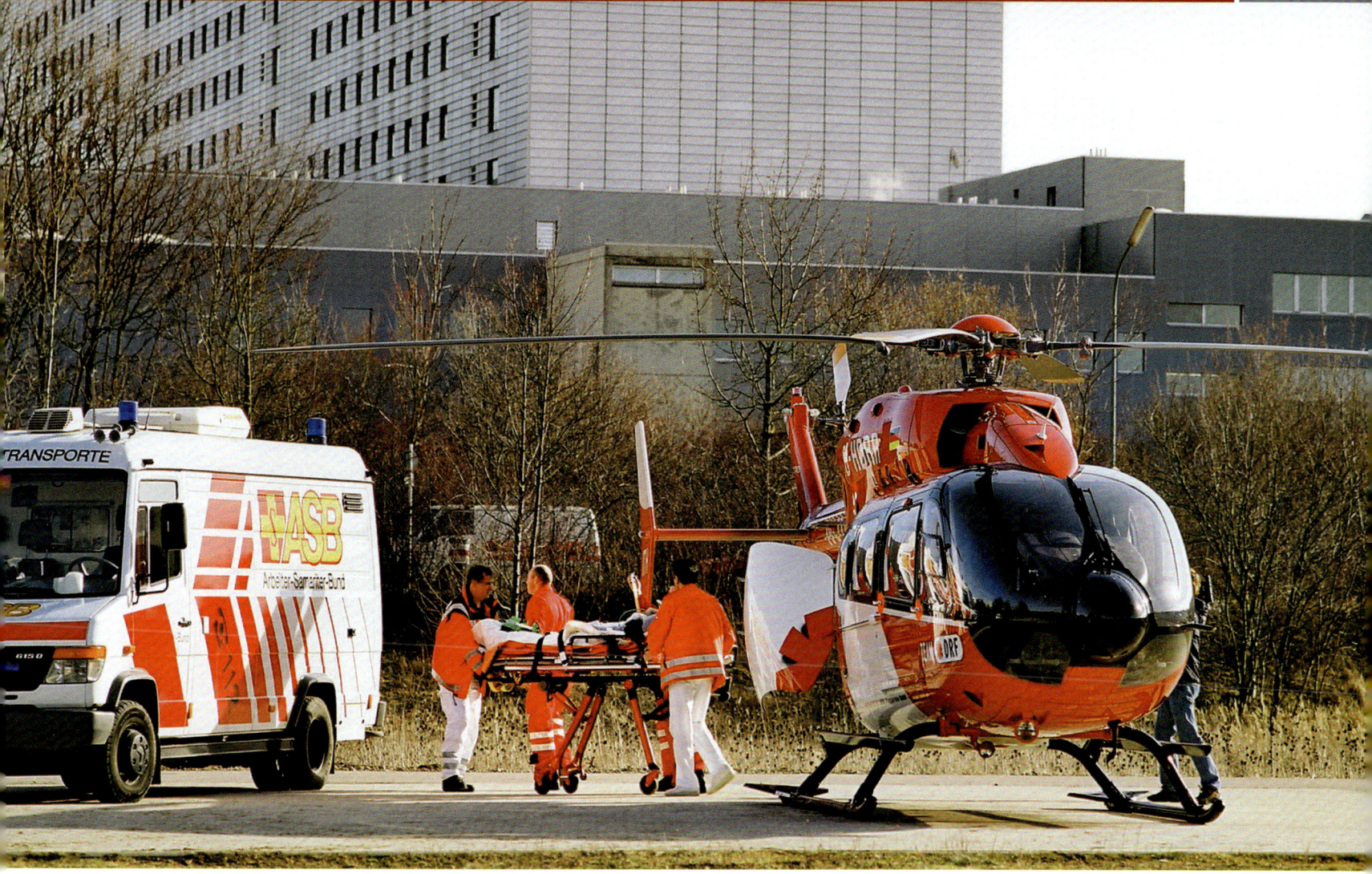

Sekundärtransport: Ein Intensivtransportwagen des Arbeiter-Samariter-Bundes übernimmt einen Patienten von der DRF.

mit dem Mediziner der erstversorgenden Klinik. Weiterhin muss man die aufnehmende Klinik und den zuständigen Arzt erfragen, zu dem der Patient verlegt werden soll. Im Einzelfall ist auch hier die telefonische Kontaktaufnahme empfehlenswert. Bei schwerverletzten, beatmungspflichtigen Patienten ist weiterhin sicherzustellen, dass der für die Beatmung zuständige Arzt, den üblicherweise durch die Anästhesieabteilung stellt, ebenfalls informiert wird.

Die Aufnahme eines Patienten in einer weiterbehandelnden Klinik ist nicht Aufgabe des Hubschraubernotarztes. Dies muss im Vorfeld durch den abgebenden Krankenhausarzt geklärt werden. Bei der Übernahme des Patienten werden sämtliche erhobene Befunde auf ihre Vollständigkeit und Richtigkeit hin kontrolliert. Zur patientengerechten Durchführung gehört auch, dass die ITH-Crew prüft, ob der Patient überhaupt transportfähig ist und ob die gegebenen technischen Möglichkeiten den Erfordernissen des Einzelfalls entsprechen. Dabei ergeben sich eine ganze Reihe von Qualitätsfaktoren, die im Luftrettungsdienst bei den Sekundärverlegungsflügen zu beachten sind: Während der Hubschraubernotarzt für die medizinische Indikationsstellung zuständig ist, erledigt der Pilot die Flugplanung und die Durchführung aus fliegerischer Sicht, die nicht selten von den meteorologischen Verhältnissen abhängt. Er kümmert sich auch um die so genannten „bodenbezogenen Komponenten" wie den Landeplatz, der unter Umständen durch Bodenpersonal wie die Feuerwehr entsprechend vorbereitet werden muss. Findet der Verlegungsflug in der Nacht statt, müsste beispielsweise die örtliche Feuerwehr den Landeplatz entsprechend ausleuchten.

Der Luftrettungsassistent überprüft im Rahmen der Einsatzvorbereitung die medizinische Ausrüstung des Hubschraubers. Die Auswahl des Transportmittels ist für die Effektivität eines erfolgreichen Sekundäreinsatzes von besonderer Bedeutung. Der Transport sollte schnell und schonend erfolgen. Neben dem Zeitfaktor ist die größtmöglichen Schonung des Patienten von entscheidender Bedeutung. Würde man diesen Faktor außer Acht lassen, könnte der Patienten zusätzlich schwere Schäden durch einen langen bodengebundenen Transport erleiden. Deshalb ist der schonende Transport das wichtigste Kriterium bei Sekundäreinsätzen.

Für Mittelstreckentransporte (100–600 km) ist meistens der Intensivtransporthubschrauber das Mittel der Wahl. Zwar erreicht das Flugzeug gegenüber dem Hubschrauber eine wesentlich höhere Reisegeschwindigkeit, jedoch wird durch die längeren

An- und Abflugphasen, die immer nur an geeigneten Flugplätzen erfolgen können, keine nennenswerte Zeitersparnis erzielt. Dieser Umstand kommt besonders dann zum Tragen, wenn die Entfernung zwischen Flugplatz und Krankenhaus sehr groß ist und der Transport von dort in die Klinik mit einem RTW oder NAW erfolgen muss. In diesen Fällen sollte der ITH eingesetzt werden, schließlich ist er – im Gegensatz zum Flugzeug – von Verkehrsflugplätzen unabhängig. Für Langstreckentransporte, die über 600 Kilometer hinausgehen, bleibt das Flugzeug das Transportmittel der Wahl. Der Lufttransport von Patienten kann mit Ambulanzflugzeugen oder Linienmaschinen erfolgen. In

Letzteren dürfen allerdings keine Patienten mit ansteckenden Krankheiten transportiert werden. Daher werden solche Einsätze mit speziell ausgerüsteten Ambulanzmaschinen der DRF, der IFA oder anderer Betreiber durchgeführt.

INTENSIVTRANSPORTHUBSCHRAUBER

In den letzten Jahren hat die medizintechnische Ausstattung der im Sekundärtransport eingesetzten Hubschrauber und Flugzeuge einen sehr hohen medizinischen Standard erreicht. Durch die moderne Ausrüstung sind auch Schwerstkranke und schwerstverletzte Patienten schonend zu transportieren und medizinisch zu überwachen.

BESATZUNG

Neben Kenntnis der flugphysiologischen Voraussetzungen benötigen Rettungsassistent und Notarzt Grundkenntnisse der chirurgischen, internistischen und anästhesiologischen Indikationen und Kontraindikationen eines Fluges. Die medizinische Crew muss also unter Abwägung der verschiedensten Fachrichtungen entscheiden, wann ein Flug aus medizinischen Gründen durchgeführt werden kann oder wann er abzulehnen ist. Sie besprechen die durchzuführenden Maßnahmen vor, während und nach dem Flug. In diesem Bereich ist ebenfalls Teamarbeit angezeigt: Die Kommunikation muss nicht nur nach außen hin stimmen, sondern soll auch innerhalb des Teams intakt sein. Der Informationsfluss muss jederzeit gewährleistet sein, um fliegerische oder medizinische Maßnahmen frühzeitig zu koordinieren und einzuleiten.

Um die Zusammenarbeit ihrer Crewmitglieder auf Ambulanzflugzeugen und Hubschraubern kontinuierlich zu verbessern, nutzt die DRF in ihren Fortbildungen für Rettungsassistenten

und Notärzte hochmoderne Simulationspuppen, die nahezu reale Versorgungsstrategien ermöglichen und Platz für neue, innovative Behandlungsalgorithmen bieten. Die lebensgroße Simulationspuppe verfügt über Herzfunktionen mit mehr als verschiedenen 2.500 EKG-Rhythmen. Sie kann zusätzlich Atemwegserkrankungen simulieren, da sie in der Lage ist, das menschliche Atemgeräusch in seinen verschiedenen Varianten bei diversen Lungenerkrankungen wiederzugeben. Mit dem EKG verbundene Herztöne lassen die Simulation absolut realistisch erscheinen. Ein angeschlossener Patientenmonitor zeigt die Atemfrequenz, Herzfrequenz und die Temperatur an. Der Blutdruck kann ebenso wie der Puls am Trainingsphantom ermittelt werden. Auch die Gabe von Medikamenten kann das medizinische Personal üben, da zur „Venenpunktion" besondere Pads am Handrücken, der Ellenbeuge und dem Unterarm existieren. Die Trainingsleiter erstellen die verschiedenen Notfallszenarien via Mausklick und sind somit in der Lage, das Training absolut realitätsnah zu gestalten. Eine Videoaufzeichnung dient dazu, das Verhalten der Teilnehmer im Anschluss an die Übung auszuwerten, so dass auch die Retter sich selbst reflektieren können. Möglich wurde das Training durch die Kooperation der DRF mit dem Tübinger-Patientensicherheits- und Simulationszentrum TüPASS. Gemeinsam führen sie die Fortbildungen an den DRF-Luftrettungszentren durch.

REPATRIIERUNG MIT FLUGZEUGEN

Als Repatriierung bezeichnet man die Rückführung eines Patienten aus dem Ausland, wobei diese Einsätze meistens mit einem Ambulanzflugzeug durchgeführt werden. Die Auswahl des Transportmittels sollte, neben der Entfernung, den Gesundheitszustand des Patienten und die für die Rückholung benötigten medizinischen Geräte berücksichtigen. Diese Flüge unterscheiden sich im Hinblick auf die Transportfähigkeit der Patienten nicht von den Sekundärtransporten.

Bei den Indikationen für eine Rückholung muss man zwischen der medizinischen und nicht-medizinischen Indikation unterscheiden: Die medizinische Indikation ist gegeben, wenn eine Behandlung des Patienten am derzeitigen Aufenthaltsort nicht oder nur unzureichend stattfinden kann. In einem solchen Fall sollte die Rückholung zur weiteren, adäquaten Behandlung stattfinden, sobald der Zustand des Patienten einen Transport zulässt. Dies kann im Einzelfall ein Abwarten von einigen Tagen bedeuten, um den Zustand des Patienten und damit seine Prognose zu verbessern. Häufig ist jedoch schnelles Handeln geboten, um einen Schaden durch Ausbleiben einer adäquaten Behandlung vom Patienten abzuwenden. Die gebotene Eile kann eventuell auch mit einem erhöhten Risiko für den Patienten während des Transports einhergehen.

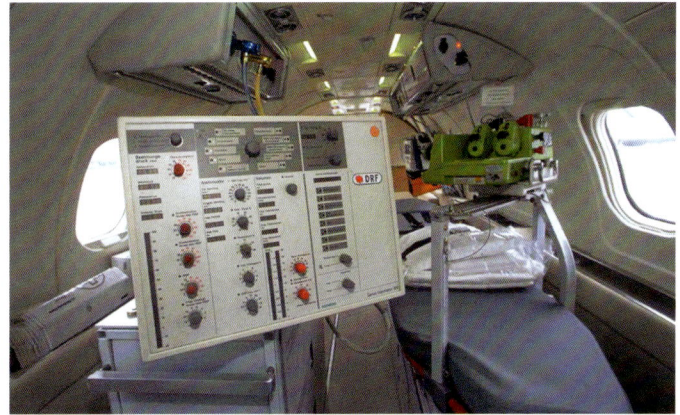

Hoch technisiert: Innenraum eines DRF-Ambulanzjets

Einige Anbieter von Rückholversicherungen gewähren Rückholflüge, wenn der Krankenhausaufenthalt sich über einen gewissen Zeitraum hinaus bewegt. Bei Rückholtransporten aus nicht-medizinischer Indikation muss in erster Linie darauf geachtet werden, dass das Transportrisiko herabgesetzt wird und eine durch den Transport absehbare Gefährdung in Bezug auf die weitere Genesung ausgeschlossen ist. Da viele der Rückholtransporte aus dem Ausland stattfinden, kann die Abklärung der Diagnostik und Befunde häufig größere Probleme bereiten. Einerseits können sprachliche Barrieren, andererseits technische Probleme eine Abklärung erschweren. Nicht selten ist man auch auf Aussagen medizinischer Laien angewiesen. Bewährt hat sich das Vorgehen, auf die Hilfe von Botschaften, Konsulaten oder auch Fluggesellschaften zurückzugreifen. Ein Gespräch mit dem Hausarzt am Heimatort kann weitere wichtige Informationen liefern. Sollten diese Maßnahmen keinen Erfolg bringen, so bleibt als Ultima Ratio die Entsendung eines Arztes zum Einsatzort. Deshalb ist die Organisation solcher weltweiten Patiententransporte durch erfahrene Einsatzleiter, wie die der DRF-Alarmzentrale in Filderstadt, unabdingbar.

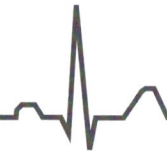

SICHERHEIT WIRD GROSS GESCHRIEBEN

VORBEREITUNG DER LANDEPLÄTZE

Durchschnittlich werden in Deutschland jeden Tag über 70 Einsätze mit Rettungshubschraubern geflogen. Die dabei meist sehr diffizilen Start- und Landemanöver auf engstem Raum erfordern vom Piloten höchste Konzentration. Der bodengebundene Rettungsdienst kann hierbei jedoch wertvolle Hilfe anbieten, um den Anflug in ein unbekanntes Landegebiet, das so genannte „Confined Area", für die Crew so sicher wie möglich zu machen. Obwohl der Pilot in letzter Konsequenz immer die alleinige Verantwortung für die fliegerische Durchführung des Einsatzes trägt, und somit auch den endgültigen Landeplatz nach sorgfältiger Beurteilung aus der Luft auswählt, trägt eine sachgemäße Unterstützung durch Bodenpersonal jederzeit zum reibungslosen Ablauf des Luftrettungseinsatzes bei.

DIE ANFLUGPHASE

Der Landeanflug mit einem Hubschrauber verlangt grundsätzlich nach mehreren Komponenten, die dem Einweisenden, die in aller Regel nicht über eigene fliegerische Erfahrung verfügt, gänzlich unbekannt sind. So fordert ein Präzisionsanflug immer ein ausgewogenes Verhältnis zwischen genügend Vorwärtsfahrt des Hubschraubers und dem eigentlichen Winkel zur anzufliegenden Landefläche. Während die ausreichende Geschwindigkeit des Hubschraubers für eine gute Steuerbarkeit und Auftriebsverteilung des empfindlichen Rotorsystems sorgt, dient ein flacher Anflugwinkel zur Vermeidung des Wirbelringstadiums, eines gefürchteten Auftriebsverlustes innerhalb der Rotorebene, welches bei einer steilen Landung mit voller Triebwerksleistung und ge-

ringer Vorwärtsfahrt in Bodennähe zum Absturz der Maschine führen kann. Der richtige Anflugwinkel schließt von daher einen Kompromiss zwischen bestgeeigneter Autorotationsmöglichkeit bei eventuellem Triebwerksausfall, Hindernisfreiheit und unproblematischem Übergang in den Schwebeflug zum Aufsetzpunkt. Das Absetzen des Rettungshubschraubers in der Landephase stellt gerade bei den starren Rotorsystemen der BO 105 und der BK 117, die äußerst empfindlich auf Steuereingaben des Piloten reagieren, einen „Akt des Jonglierens" zwischen Rotorauftrieb, Luftbodenpolster, der notwendigen Leistungszufuhr und der Korrektur der Fluglageveränderungen durch den Rotorabwind dar. Da dieses aerodynamische Wechselbad vom Piloten beim Anflug mit einbezogen werden muss, eignet sich nicht jeder vom Rettungsdienst ausgewählte Landeplatz. Hinzu kommt, dass auch in der anschließenden Startphase einige Kriterien erfüllt sein müssen, um die Maschine, vor allem bei hohen Außentemperaturen im Sommer, wieder sicher starten zu können, da Temperatur und Luftfeuchtigkeit erheblichen Einfluss auf die Leistungsfähigkeit des Triebwerks haben.

UNTERSTÜTZUNG DURCH DEN BODENGEBUNDENEN RETTUNGSDIENST

Um die Crew des RTH rechtzeitig auf eventuelle Gefahrenpunkte hinweisen zu können, ist der Funkkontakt zur im Anflug befindlichen Maschine das wichtigste und effizienteste Hilfsmittel. Bereits während des Anfluges zur Einsatzstelle haben sich Hinweise auf Hindernisse wie Hochspannungs- oder Telefonleitungen bewährt. Bei der Auswahl des Landeplatzes sollten die

Einweisenden aber auch auf die entsprechenden Landeflächen selbst achten. Eine zu große Schrägneigung des Bodens, weicher oder gar matschiger Untergrund sowie zu hohes Gras beziehungsweise nicht abgemähte bewirtschaftete Felder stellen durch mangelnden Bodensichtkontakt ein nicht zu unterschätzendes Gefahrenpotenzial dar: Eine zu große Seitenneigung kann den Hubschrauber zum Kippen bringen (Dynamic Roll Over), zu hohes Gras kann den Heckrotor beschädigen. Sand oder frisch gemähtes, aufliegendes Gras kann vom Triebwerk eingesogen werden und führt so zur Zerstörung der empfindlichen Turbinentriebwerke.

Beim Einsatz in den Wintermonaten droht durch lose Schneeverwirbelungen der Verlust der Sicht nach außen, das so genannte „White out". Ein „White out" führt unweigerlich zum Abbruch des Landemanövers. Die Gefahr des „White outs" lässt sich reduzieren, indem die am Boden befindlichen Hilfskräfte die ausgewählte Landefläche durch Festtreten des aufliegenden Schnees nutzbar machen. Ein am Boden stehender Einweiser mit permanentem Sichtkontakt zum Piloten erhöht die Sicherheit zusätzlich, da der Einweiser dem Luftfahrzeugführer als Bezugspunkt dient.

Ist durch winterliche Temperaturen der Untergrund stark vereist, kann es beim Absetzen des Hubschraubers zu einer ungewollt schnellen Drehung kommen, da das Drehmoment durch den Heckrotor nicht mehr ausreichend ausgeglichen werden kann. Von daher ist es angebracht, von einer Landung auf einer vereisten Untergrundfläche Abstand zu nehmen. Um das Auffinden der Einsatzstelle für die Hubschrauberbesatzung zu erleichtern, hilft es, wenn die am Boden befindlichen Einsatzfahrzeuge das Warnblinklicht und die Blaulichter eingeschaltet lassen. Sofern das Bodenpersonal eine Einweisung über Funk durchführt,

Winterliche Landung auf der Kreuzung: Auch hier droht eine massive Sichtbehinderung durch Schneeverwehungen

Sicherheitsrisiko: Beim Einsatz in der schneebedeckten Bergregion muss auch dieser RTH mit einem „White out" rechnen.

muss darauf geachtet werden, dass Richtungsangaben (z.B. 11.00 Uhr voraus) immer aus Sichtweise des Piloten angegeben werden. Eine ergänzende Markierung des Landeplatzes durch das Auslegen von deutlich sichtbaren Gegenständen oder Sig-

nalkleidung muss unter allen Umständen unterbleiben, da diese durch den über 100 km/h schnellen Rotorabwind aufwirbeln und in die Rotordrehebene einschlagen können. Hilfreich kann jedoch der Einsatz einer Warnweste sein, die vom Einweiser fest in der Hand gehalten wird und durch das Einsetzen von Boden-signalen auf die richtige Landeposition hinweist.

Einwinkzeichen sollte der Einweiser erst im unmittelbaren End-anflug zur Geltung bringen. Durch sachgerechte Anwendung der Einwinkzeichen kann eine funkgestützte Bodeneinweisung kurz vor der Landung entfallen. Voraussetzung hierfür ist jedoch die ausreichende Sachkenntnis der Zeichen sowie der durch den Piloten bestätigte Sichtkontakt zum Einweiser. Der Sichtkontakt erfolgt in der Regel durch zweimaliges seitliches Kippen der Ma-schine oder durch zweimaliges Betätigen der Landescheinwerfer durch den Piloten. Bei der Positionierung des Einweisers vor der Kanzel des Hubschraubers sollte dieser sich zuvor vergewis-sern, aus welcher Richtung der Wind kommt, da Hubschrauber im Allgemeinen gegen den Wind starten und landen, um genü-gende Leistungsreserven und aerodynamische Kräfte zu nutzen. Um die drohende Gefahr durch die mögliche Neigung der Rotor-drehebene nach vorn beziehungsweise unten, für den Einweiser so gering wie möglich zu halten, empfiehlt es sich, mindestens den zweifachen Abstand vom nach vorne drehenden Rotorblatt einzunehmen und die Position erst nach Stillstand der Rotoren und Freigabe einer Annäherung an das Luftfahrzeug durch die Crew zu verlassen. Durch die Unterstützung von Polizei und Feuerwehr können sich die Rettungsdienste ganz auf ihre ei-gentliche Tätigkeit, also die medizinische Versorgung des Not-fallpatienten, konzentrieren.

Im Rahmen von Nachteinsätzen eignen sich bei der Auswahl des Landeplatzes vor allem Sportanlagen, da diese oft über eine provisorische Beleuchtungsanlage und ebenes Gelände verfügen. Zusätzlich kann hier eine weitere Ausleuchtung durch die Feuerwehr mittels Rüstwagen o.ä. erfolgen. Die HDM Flug-service GmbH, Partner im TEAM DRF, hat hierzu besondere Ver-fahren entwickelt und führt Schulungen für bodengebundene Einsatzkräfte durch.

Auch bei der fachgerechten Ausleuchtung gilt, dass sie mit der Anflugrichtung, also gegen die Windrichtung, erfolgen soll. Dabei platzieren sich zwei Einsatzfahrzeuge im Anflugsektor so, dass die eingeschalteten Scheinwerferkegel sich in der Mitte des Landeplatzes kreuzen und diesen auf diese Weise gut auf-hellen. Die eingeschalteten Blaulichter dienen vor allem in der Nacht als gute Orientierungshilfe für den Piloten.

SICHER DURCH DIE LÜFTE

Selbst die erfahrenen Piloten im Luftrettungsdienst sind vor plötzlich umschlagenden Witterungsverhältnissen nicht gefeit. Aufliegende Bewölkung im alpinen Gelände oder den deutschen Mittelgebirgszügen verlangen wegen der niedrigen Wolkenun-tergrenze und der tückischen Sichtverhältnisse oft fliegerische Glanzleistungen. Damit das reibungslos funktioniert, ist nicht nur eine langjährige Erfahrung, sondern auch intensives Trai-ning nötig.

In der heutigen Zeit veraltet das vorhandene Wissen immer schneller, die Entwicklung innovativer Techniken weitet sich zunehmend in immer kürzeren Zeitabständen aus. Um mit dieser rasanten Entwicklung Schritt halten zu können, sind für die Piloten umfangreiche Übungsprogramme entwickelt worden, da die Sicherheit im Luftrettungsdienst stets Vorrang genießt. Mit der europäischen Harmonisierung des Luftverkehrs und den neuen Richtlinien wurden die Anforderungen für Checkflüge und Fortbildungsprogramme für Berufshubschrauberführer erhöht. Die einzelnen Operator setzen diese Forderung um. Neue Theoriekurse und praktische Übungen werden über eine Woche lang Jahr für Jahr intensiv mit jedem in der Luftrettung tätigen Piloten durchgeführt. Einmal jährlich absolviert ein Rettungspilot

einen Überprüfungsflug. Hier muss er sein fliegerisches Können theoretisch und praktisch unter Beweis stellen. Die Schulungen werden von sehr erfahrenen Piloten durchgeführt, die Abnahme von Überprüfungsflügen, den „Checkrides" erfolgt durch besondere Prüfer, die vom Luftfahrtbundesamt den offiziellen Prüferstatus erhalten haben. Erst wenn der jährliche Checkride positiv durch den Prüfer beschieden wird, erhält der Pilot für ein weiteres Jahr seine Lizenz.

Alle Luftfahrerscheine, also eben jene Lizenzen der Berufspiloten, sind in der Datenbank der Luftfahrtbundesamtes (LBA) in Braunschweig erfasst, so dass hier eine genaue Kontrolle erfolgt, ob und wann eine Überprüfung der betroffenen Piloten ansteht. Das LBA ist das staatliche Kontrollorgan für Berufspiloten und anerkannte Luftfahrtbetriebe. Prüfer auf Luftfahrzeugen können nur Luftfahrzeugführer werden, die eine Berufspilotenlizenz sowie eine Lehrberechtigung oder eine Mustereinweisungsberechtigung vorweisen können. Doch all diese Weiterbildungen und Berechtigungen alleine nützen nichts, wenn der Pilot nicht über eine entsprechende Berufserfahrung verfügt. Somit ist es ein langer Weg, um den Prüferstatus für Hubschrauber durch das Luftfahrtbundesamt zu erhalten.

Zu Beginn der Weiterbildungswoche vertiefen die erfahrenen Piloten das vorhandene technische Wissen ihrer Fliegerkollegen. Durch enge Absprachen mit den Hubschrauberherstellern wird ein aktueller Wissensabgleich in punkto technischer Entwicklung erreicht. Neben den technischen „Updates" widmen sich die Ausbilder auch einem weiteren Kapitel: dem CRM. Diese drei Buchstaben stehen für die englische Bezeichnung „Crew-Ressource-Management". Hierbei geht es um die zielgerichtete koordinierte Absprache und Zusammenarbeit der fliegerischen und medizinischen Besatzung, Vermeidung von Missverständnissen und Steigerung der Arbeitseffizienz. In den praktischen Übungen geht es darum, den Prüfern zu beweisen, dass der Pilot den Hubschrauber in allen auftretenden Situationen sicher beherrscht.

Dabei werden nicht nur die Normalverfahren, so genannte „Operating-Procedures" abgeprüft, sondern auch das Meistern von plötzlich einsetzenden Notverfahren. Der Prüfer trennt in einer bestimmten Höhe das antreibende Triebwerk vom Rotorgetriebe und simuliert somit einen Triebwerksausfall. Ein eingebauter Freilauf im Rotorkopfsystem verhindert einen Stillstand der Rotorblätter. Das Prinzip lässt sich in etwa mit dem dem Pedalantrieb eines Fahrrades vergleichen. Das Rad dreht sich auch hier noch eine gewisse zeitlang weiter und kommt nicht schlagartig zum Stillstand, nur weil der Pedalantrieb fehlt. Durch eine Umstellung der Hauptrotorblätter und der Sinkgeschwindigkeit erhält der Rotor auch bei einem Triebwerksausfall soviel Auftrieb, dass der Pilot den Hubschrauber sicher und weich zur Landung bringen kann. Dieses Autorotationsverfahren muss in Bruchteilen von Sekunden eingeleitet werden, da ansonsten die bestehende Restenergie des Rotors rasch aufgezerrt wird und nicht mehr ausreicht, um den Hubschrauber sicher landen zu können.

In einer weiteren Überprüfung werden standardisierte Arbeitsabläufe kontrolliert, in denen die Piloten ihre Handlungsweisen von der Notrufannahme, Absicherung des Fluggerätes bis zur endgültigen Rückkehr an das Luftrettungszentrum darstellen müssen. Schlechtwetterflüge werden mit einer Spezialbrille trainiert und überprüft. Das Sichtfeld ist extrem eingeschränkt und

gibt dem Piloten nur den Blick auf die Instrumente frei. Der Außenrand des Blickfeldes ist verschwommen. Der Pilot muss sich nun auf seine Instrumente verlassen und diese richtig interpretieren. Wie ist die Fluglage, die Höhe und die Geschwindigkeit des Hubschraubers? Es werden Geradeausflüge und Kurvenflüge geübt und überprüft. Dabei dürfen die Vorgaben, zum Beispiel die Zeit, die für eine 360° Drehung benötigt wird, und die dazu

vom Prüfer vorgegebene Schräglage, nicht unter- beziehungsweise überschritten werden. Diese Verfahren sind nicht einfach, eine hohe Konzentration ist nötig und fordern viel Können. Ohne einen Bezugspunkt nach Außen vermittelt das Gleichgewichtsorgan Empfindungen, die sehr schnell zu falschen Reaktionen führen. Diese harte Training gewährleistet jedoch eines: die sichere Bewegung durch die Lüfte für die Crew, den Patienten und den Hubschrauber.

Oben links: Wesentliche Aspekte bei der Erkundung eines nächtlichen Landefeldes durch die Rettungskräfte am Boden:
- *Erkundung auf Freileitungen im Umkreis von 300 m*
- *Ausleuchtung aller Hindernisse*
- *Blendfreie Ausleuchtung des Landefeldes*

Unten links: Die Ausleuchtung darf den Piloten nicht blenden:
- *Beleuchtungswinkel des Scheinwerfers steil zum Boden*
- *niedrigste Stativhöhe*

Oben rechts: Hindernisse müssen ausgeleuchtet werden. Der Pilot führt eine so genannte „Hocherkundung" durch: Mit einem oder mehreren Überflügen sichtet er das Gelände, um die Situation am Einsatzort zu erkennen und schließlich die richtige Anflugrichtung zu wählen.

Unten rechts: Anflug auf das Landefeld: In dieser Simulation bietet eventuell das gerade Straßenstück hinter den verunfallten PKWs die beste Abstellfläche für den Hubschrauber.

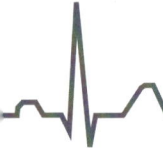

LUFTRETTUNG BEI NACHT

Wie bereits angsprochen, werden die gesundheitspolitischen Reformen die Struktur der Krankenhäuser in den nächsten Jahren deutlich verändern; einige werden aus wirtschaftlichen Gründen den Betrieb einstellen oder sich auf ein bestimmtes Versorgungsspektrum spezialisieren. Das hat zur Folge, dass die Infrastruktur an Krankenhäusern – vor allem in ländlichen Regionen – auf ein unbedingt notwendiges Maß ausgedünnt werden wird. Viele dieser Kliniken der Grund- und Regelversorgung werden dann, gerade in den Nachtstunden, nicht mehr in der Lage sein, anspruchsvolle Verletzungsmuster bestmöglich zu versorgen. Hinzu kommt, dass in ländlichen Gegenden oft ein Mangel an Notärzten herrscht. Die beschriebenen Entwicklungen lassen die Zahl der notwendigen Intensivtransporte in der Nacht – und zwar nicht nur mit dem RTW, sondern auch mit dem ITH – schon heute drastisch ansteigen.

D-HECE, eine Back-up-Maschine der DRF

Dabei steigt nicht nur der Bedarf an Intensivverlegungen mittels Hubschrauber, sondern auch die Zahl von RTH-Primäreinsätzen, um schwerstverletzte Patienten vom Unfallort direkt in eine Klinik der Maximalversorgung zu transportieren. Allein im Jahr 2001 flog beispielsweise das TEAM DRF insgesamt mehr als 25.000 Rettungseinsätze. Nur etwa 2.000 Einsätze erfolgten davon nach Einbruch der Dunkelheit, da die Rettungshubschrauber nachts nicht überall starten und landen können. Dabei sind es gerade die Nachtstunden, in denen sich lebensbedrohliche Notfälle häufen: Nahezu jeder zweite Herzinfarkt und mehr als die Hälfte aller lebensbedrohlichen Hirnschläge findet in dieser Zeit statt. Einer Statistik aus Bayern zufolge ereignen sich auch rund ein Drittel aller Verkehrsunfälle bei Nacht, wobei diese vielfach schwerer ausfallen als die Unfälle bei Tag.

Viele dieser Patienten müssen auf schnellstem Wege vom Notfallort in ein Krankenhaus der Maximalversorgung gebracht werden. Der Herzmuskel beispielsweise verträgt durchaus für ein bis zwei Stunden eine Minderversorgung mit Sauerstoff. Wenn innerhalb dieser Zeit die Versorgung wieder hergestellt werden kann, bleibt kein wesentlicher Schaden zurück. Das Gleiche gilt, mit einem etwas anderen Zeitfenster, auch für das Gehirn. Bei schweren Schädelverletzungen ist die Sterblichkeit unter anderem von einer zeitnahen, definitiven Diagnostik und Therapie abhängig.

Die Anzahl der durchgeführten nächtlichen Primärtransporte ist jedoch sehr gering. Im Normalfall handelt es sich dabei um ein Rendez-vous-System zwischen dem Hubschrauber, der an einem vorerkundeten und ausgeleuchteten Platz landet, und dem bodengebundenen Rettungsdienst, der den Patienten zuführt.

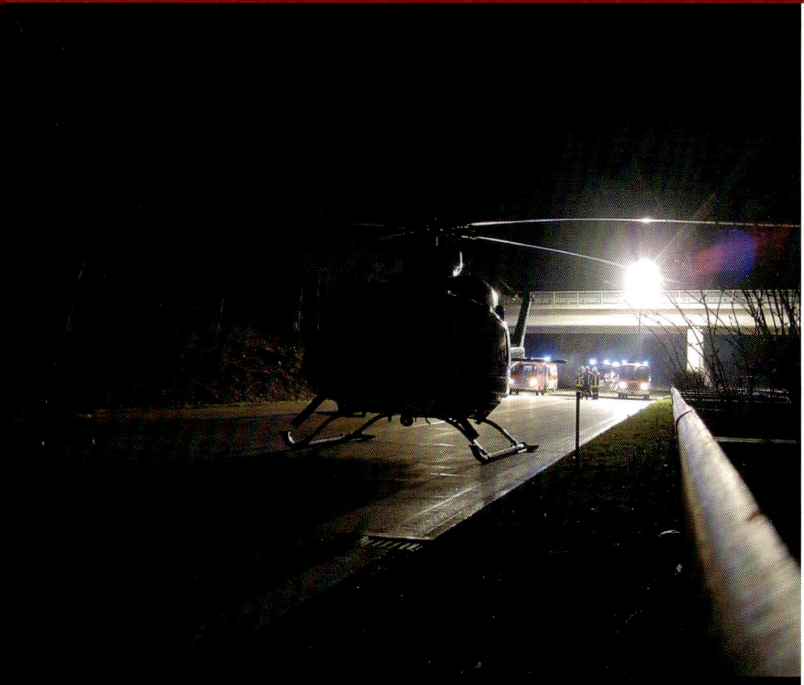

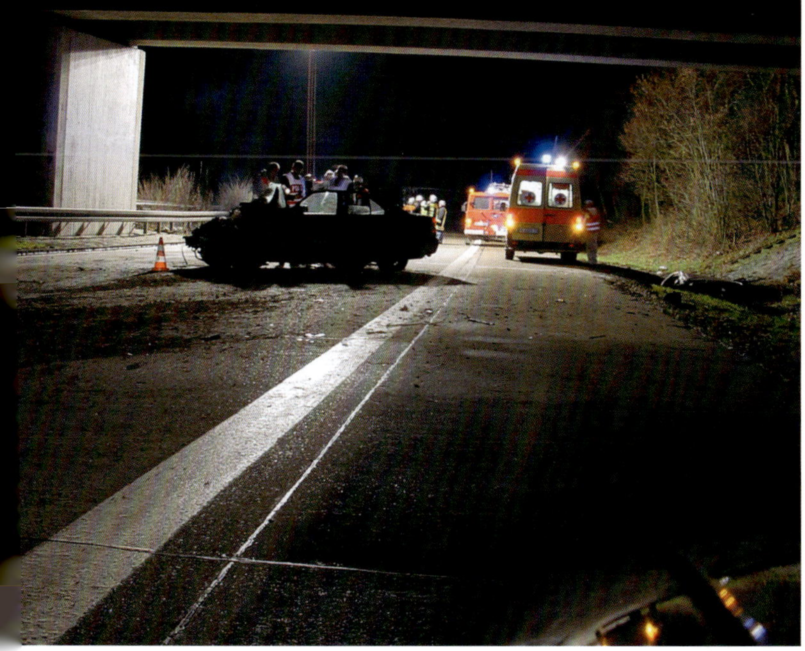

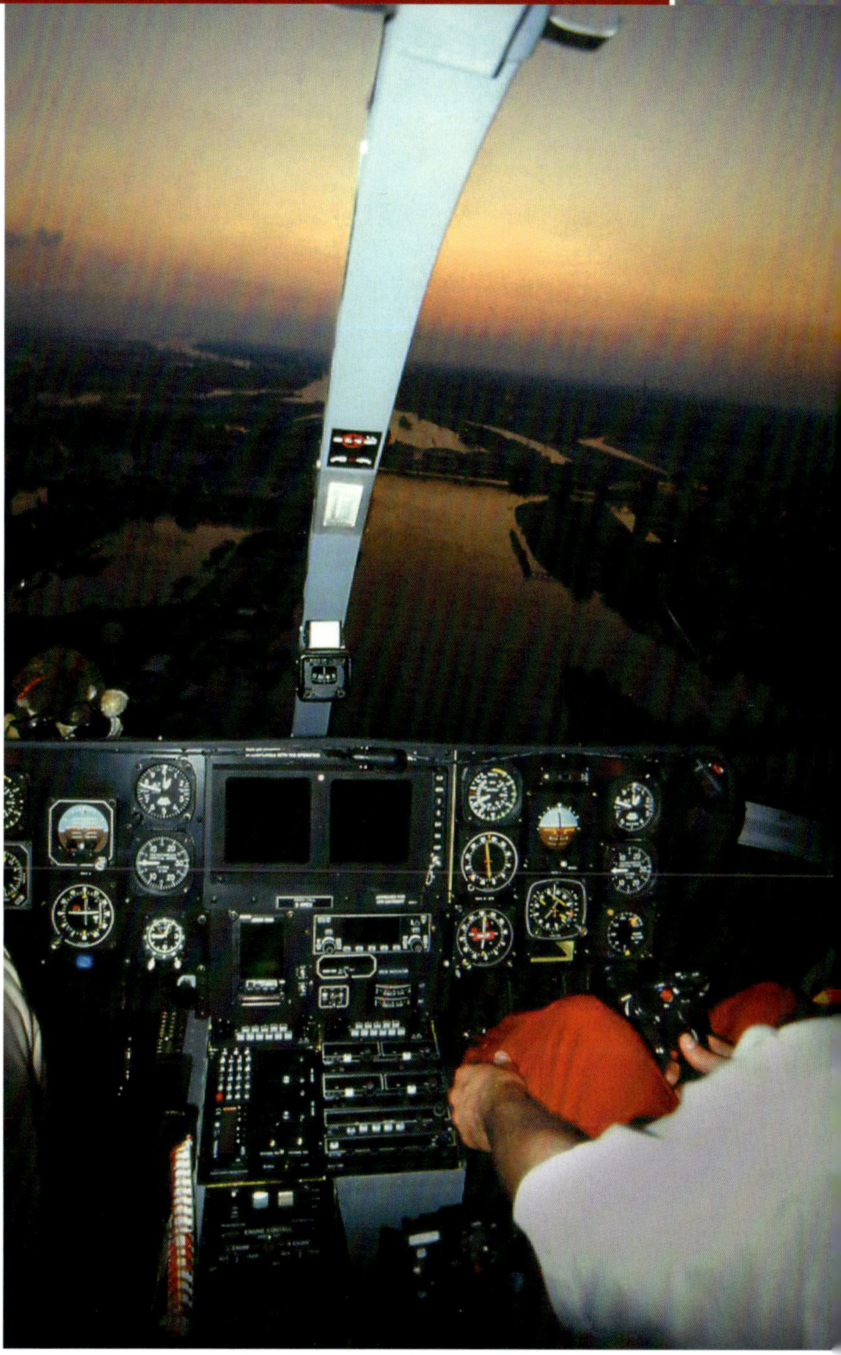

Der Rettungshubschrauber landet also nicht direkt am Notfallort. Dies ist keinesfalls optimal, da die Patienten in zahlreichen Notfällen möglichst schnell in eine geeignete Klinik überführt werden müssen. Nachts kann dies derzeit jedoch nicht immer sichergestellt werden, da die Risiken der Landung auf unbekanntem Gelände zu hoch sind: Eine Hindernisberührung mit dem Haupt- oder Heckrotor oder gar die Kollision mit einer Freileitung führt zum unweigerlichen Absturz der Maschine.

Nicht nur die Risiken für die Besatzung und den Hubschrauber spielen in der nächtlichen Luftrettung eine Rolle; ein in Deutschland häufig angeführtes Gegenargument ist auch die Kostenfrage. Die zusätzlichen Kosten für flächendeckende nächtliche Rettungshubschraubereinsätze erscheinen auf dem ersten Blick enorm: Die Luftrettungsorganisationen wären gezwungen, pro Hubschrauber eine zweite Besatzung bereitzuhalten, die Anzahl der Hubschrauber müsste aus wartungstechnischen Gründen deutlich erhöht werden und neben den anzuschaffenden Nachtflugausrüstungen würden auch intensive Schulungs- und Trainingsmaßnahmen für die Piloten anstehen. Die DRF veranschlagt die jährlichen Zusatzkosten pro Luftrettungszentrum auf etwa 600.000 Euro.

Doch der Kostenargumentation stehen die Reduzierung der Dauer des stationären Klinikaufenthaltes und das geringere Risiko einer teuren Spätfolgetherapie entgegen. Eine vollständige Genesung scheint bei frühzeitiger, gezielter Intensivtherapie in einem Spezialzentrum viel wahrscheinlicher, als bei der Erstversorgung in einem Krankenhaus, das den Therapie- und Diagnostikanforderungen nicht gerecht werden kann. Hierdurch blieben den Kassen in vielen Fällen die Ausgaben für langwierige Rehabilitationsmaßnahmen oder gar Pflegestellen erspart bleiben.

Pilot der Schweizer REGA mit BIV-Brille

Eine Welt im Restlicht: Blick durch die BiV-Brille

Nachteinsatz in Stuttgart: DRF-Helikopter Christoph 51

BRINGT LICHT INS DUNKEL: DIE BIV-BRILLE

Um ein unbekanntes Landeareal während der Dunkelheit sicher anfliegen können, benötigt der Hubschrauberführer eine besondere Nachtsichtbrille, die auch als BiV oder NVG bezeichnet wird. Das natürliche Restlicht wird elektronisch verstärkt, so dass der Pilot mögliche Hindernisse, wie Türme, Hochspannungsleitungen und Masten, frühzeitig erkennt.

Um Blendungen des Piloten durch die Instrumentenbeleuchtung zu vermeiden, müssen auch am Hubschrauber technische Veränderungen vorgenommen werden. Dazu gehört ein „BiV-kompatibles" Cockpit mit abgedunkelter und gefilterter Instrumentenbeleuchtung, sowie spezieller Kartenleselampe und gedämpfter Innenbeleuchtung. Auch die Außenbeleuchtung muss entsprechend abgedunkelt werden, dabei aber für alle anderen Luftfahrzeuge, deren Piloten konventionell – also ohne BiV-Brille – fliegen noch deutlich erkennbar sein.

Das Fliegen mit BiV-Brille erfordert eine spezielle Nachtflugausbildung und ein umfangreiches Training, das ständig aufgefrischt werden muss. Die exakte Navigation ist bei BiV-Flügen lebenswichtig, denn hierbei kommt es nicht nur darauf an, von einem Ort zum anderen zu gelangen, sondern vielmehr muss ständig der exakte Standort innerhalb einer möglichen Hinderniskulisse bestimmt werden. Wichtige Vorraussetzungen für die Sichtnavigation bei dieser Art des Fliegens sind die Möglichkeiten des uneingeschränkten Kartenlesens, des schnellen Vergleichens von Außenwelt und Kartenbild, des raschen Ablesens der Instrumente (Kurs, Fahrt, Höhe), sowie der navigatorischen Erfassung von möglichen Hindernissen.

Aufgrund der hohen Arbeitsbelastung im Cockpit sollten BiV-Flüge am besten mit zwei Piloten durchgeführt werden. Zumindest aber muss ein weiteres Besatzungsmitglied mit entsprechender Nachtflugausbildung und BiV-Brille den Piloten bei der Navigation und den gefährlichen Außenlandungen unterstützen.

In Deutschland sind für einen „gewöhnlichen" VFR-Nachtflug mindestens 5.000 Meter Sicht und eine Wolkenuntergrenze von 1.500 Fuss (ca. 500 Meter) vorgeschrieben. Die Mindestsicht mit BiV-Brille muss 1.500 Meter betragen. Wenn unter den genannten Mindestbedingungen gestartet wird, besteht jedoch die Gefahr, dass sich die Bedingungen auf dem Flug zum Ein-

Navigation mit dem Tablet-PC: das FIPS

satzort verschlechtern und der Flug abgebrochen werden muss. Besonders kritisch sind auch die Dämmerungsphasen, da es für das bloße Auge oft schon zu dunkel, für die BiV-Brille aber noch zu hell ist.

Beim Fliegen mit BiV-Brille sind das stereografische Sehen und der Blickwinkel beeinträchtigt. Der Pilot kann die Blickrichtung nicht durch Augenbewegungen steuern, sondern muss ständig den Kopf drehen. Dies kann in Verbindung mit dem Gewicht der BiV-Brille, die vorne am Helm befestigt ist, zu vorzeitiger Ermüdung führen.

In sehr dunklen Nächten, verbunden mit Niederschlag stößt auch die BiV-Brille schnell an ihre Grenzen. Zusätzlich besteht die Gefahr, dass wegen des eingeschränkten Kontrastsehens nicht alle Hindernisse, wie beispielsweise schwarze Kabel vor dunklem Hintergrund, gesehen werden. Hier könnten in Zukunft aktive Hinderniswarnsysteme wie das Laserradar „Hellas" der Firma Dornier, das die Bundespolizei kürzliche erprobte, zusätzliche Sicherheit bieten.

Bereits das Fachsymposium der DRF im Frühjahr 2002 zeigte, dass Primäre Luftrettung bei Nacht durchaus sinnvoll und notwendig ist. Dabei handelt es sich für Piloten und Besatzungen um außerordentlich riskante Hilfeleistungen, die jedoch mit den heutigen technischen Möglichkeiten durchaus machbar sind. Dies beweisen die nächtlichen BiV-Flüge der Länder- und Bundespolizei, der Bundeswehr, sowie der Schweizer Rega. Andererseits sind BiV-Flüge in vielen Bereichen in Deutschland für nicht staatliche Organisationen bisher untersagt.

VIA SATELLIT DURCH DIE NACHT: DAS FLIGHT PLANNING INFORMATION SYSTEM (FIPS)

Eine weitere Navigationshilfe – nicht nur bei Nacht – ist das FIPS (Flight Planning Information System). Es arbeitet satellitengestürzt und erleichtert das Auffinden des Einsatzortes. Mit FIPS kann die Besatzung den Hubschrauber auf Stadtplanebene direkt bis zur Haustür des Patienten navigieren. Die erforderlichen Eingaben erfolgen über die Maske eines Tablet-PCs, der vom Rettungsassistenten im Cockpit mitgeführt wird. Das Display ist dank modernster Technik auch unter Sonneneinstrahlung noch gut ablesbar.

Als Basis-Software wurde „map & guide" verwendet. Diese Software, die bereits eine marktführende Position in den Bereichen der Straßennavigation und Routenplanung eingenommen hat, wurde nun extra an die Bedürfnisse der RTH-Besatzungen angepasst. So berechnet das Programm beispielsweise die direkte Kurslinie zum Einsatzort und stellt weitere wichtige Angaben, die für eine sichere Flugdurchführung erforderlich sind, zur Verfügung. Dazu gehören die genaue Luftlinienentfernung, der Kurs zum Ziel, die benötigte Zeit zum Ziel, sowie Kurs und Geschwindigkeit über Grund. Mit einem Zusatzmodul können sogar aktuelle Flugwetterdaten abgerufen werden.

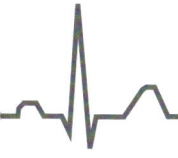

RISIKEN MINIMIEREN, STANDARDS VERBESSERN – DIE JAR-OPS 3

Mit dem Beginn der 90er Jahre entwickelte die Arbeitsgemeinschaft der europäischen Luftfahrtbehörden (Joint Aviation Authorities, JAA) u.a. Betriebsvorschriften für den gewerblichen Transport von Personen und Sachgütern auf dem Luftweg. Diese Einzelvorschriften wurden als so genannte Joint Aviation Requirements (JARs) eindeutig definiert. Speziell für den gewerblichen Flugverkehr, der mit Hubschraubern abgewickelt wird, gilt die JAR-OPS 3. Durch eine Verordnung des Bundesministeriums für Verkehr-, Bau- und Wohnungswesen bekam die JAR-OPS 3 am 1. Oktober 1998 auch in Deutschland Rechtskraft.

Unter anderem wurde hier festgelegt, dass die europäischen Standards nicht geringer definiert werden dürfen, als die festgelegten Standards der Internationalen zivilen Luftfahrtorganisation (ICAO).

Ziel der JAR-OPS 3 war und ist es, die Sicherheitsanforderungen für den zivilen Luftfahrtverkehr zu erhöhen und die Sicherheitsrisiken zu minimieren. Die Betreiber von Luftfahrtunternehmen konnten jedoch einen Antrag stellen, der es ihnen erlaubte, im Rahmen einer Übergangsphase die Umsetzung der neuen Standards bis Ende des Jahres 2001 zu strecken.

Die JAR-OPS 3 erfordert vielfach einen Wechsel der Hubschraubermuster. Nicht betroffen: Diese moderne MD 900.

BK 117 der Deutschen Rettungsflugwacht

Wegen der extrem großen Zahl von Flugbewegungen an den Start- und Landeflächen der RTH-Stationen soll das technische Risiko dort möglichst „null" betragen. Da die meisten Kliniken in dicht besiedelten Gebieten liegen und oft schwierige Umgebungsbedingungen – wie hohe Häuser oder Baumbestand der Klinikparkanlage – und somit unzureichende Notlandeflächen aufweisen, wird hier gemäß JAR-OPS 3 die Leistungsklasse 1,

sprich CAT A, vorgeschrieben. Der Landeplatz an der Einsatzstelle kann nicht eingestuft werden, da die Landung immer an unvorhersehbaren Plätzen erfolgt. Das Risiko hier ist so gering wie möglich zu halten. Kliniklandeplätze, die nicht häufig durch den RTH frequentiert werden, werden wie ein unvorbereiteter Landeplatz angesehen. Hier soll das Risiko so gering wie möglich gehalten werden.

Die baulichen Vorgaben, die bei der Errichtung eines Landeplatzes zu berücksichtigen sind, schreibt die ICAO vor (Anhang 14, Band 2). JAR-OPS 3 wendet sich als Betriebsvorschrift in erster Linie an den verantwortlichen Piloten und den jeweiligen Operator und gibt vor, wie die jeweiligen Flugverfahren, insbesondere während des Starts und der Landung, durchzuführen sind. Ohne die baulichen Vorgaben der ICAO zu beachten, sind die definierten fliegerischen Verfahren der JAR-OPS 3 nicht umzusetzen.

Alle Fluggeräte, unabhängig ob es sich um Flugzeuge oder Hubschrauber handelt, besitzen ein Flugbetriebshandbuch, ein „Flight Manual". Hier erhält der Pilot Informationen und technische Auskünfte, die er zum sicheren Betrieb seines Fluggerätes

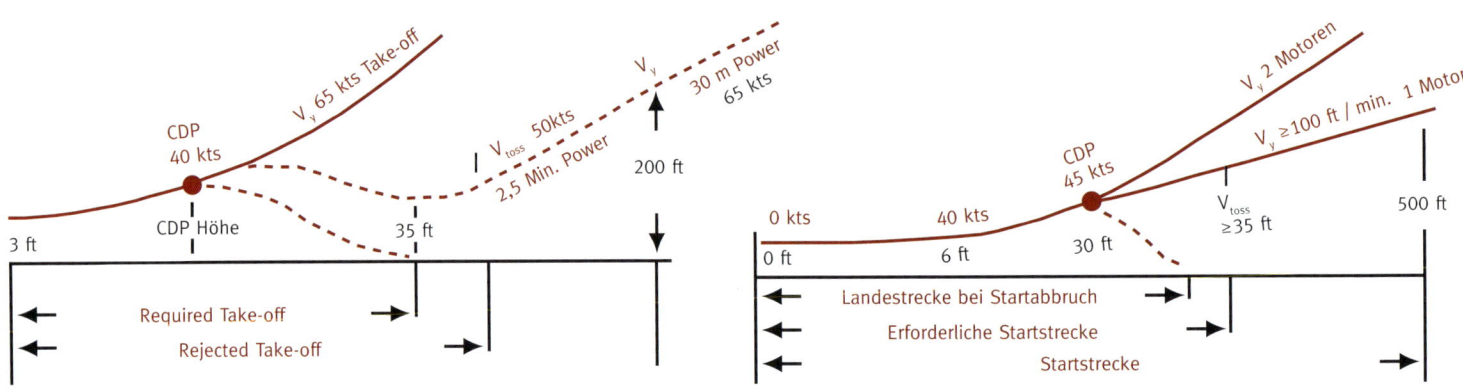

Startprofil eines CAT-A Hubschraubers, zum Beispiel BK 117   *Startprofil eines CAT-B Hubschraubers*

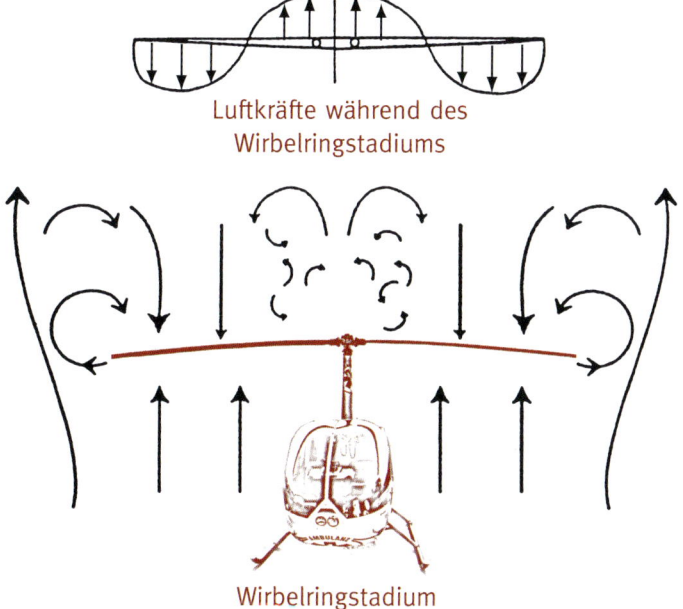

Luftkräfte während des
Wirbelringstadiums

Wirbelringstadium

benötigt. CAT-A zugelassene Hubschraubermuster weisen in ihrem Manual dazu noch ein separates Kapitel der CAT-A Verfahren aus. Dort ist zum Beispiel aufgelistet, wie schnell und in welcher Flughöhe der Pilot seinen Hubschrauber steuern muss, um einen Start bei Ausfall eines Triebwerkes sicher abbrechen zu können.

DER STARTVORGANG

Der Leistungsbedarf eines Hubschraubers im Vorwärtsflug ist unterschiedlich. In der Startphase wird zuerst der Bodeneffekt, eine Art Luftpolster, ausgenutzt. Der Hubschrauber steigt in etwa auf eine Höhe von drei Metern, dann bringt der Pilot die Maschine in den Vorwärtsflug. Dabei sinkt der Hubschrau-

ber wieder etwas ab, da aus der vertikalen Schubkomponente die horizontale Schubkomponente abgeleitet werden muss. Der Bodeneffekt verschwindet etwa bei einer Geschwindigkeit von 5 km/h. Ab ca. 25 km/h macht sich der Übergangsauftrieb, auch „Translation lift" genannt, bemerkbar. Der Hubschrauber nutzt, genau wie ein Flugzeug auch, den Gegenwind aus, um den Übergangsauftrieb so früh wie möglich zur Hilfe zu nehmen.

Wenn der Übergangsauftrieb greift, steigt der Hubschrauber und erreicht schnell die Geschwindigkeit des besten Steigens. Der Flug setzt sich entsprechend fort, bis die Sicherheitsmindesthöhe erreicht ist.

Kommt es vor Erreichen der Sicherheitsmindesthöhe zu einem Triebwerksausfall, ist der Start durch den Piloten abzubrechen und die Maschine kann auf den Notlandeflächen (Startabbruchstrecke) sicher gelandet werden. Tritt der Defekt nach Erreichen der Sicherheitsmindesthöhe auf, entscheidet der Hubschrauber-

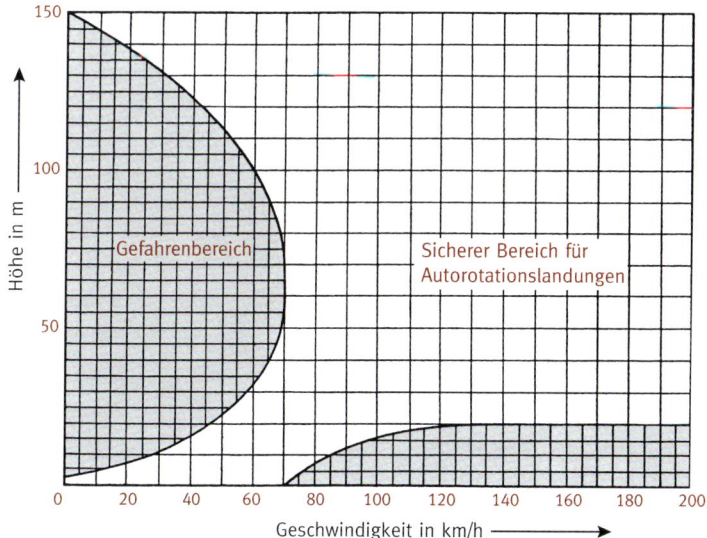

Sichere Landung bei Triebwerksstörungen

führer, ob er die Maschine landet oder den Flug fortsetzt. Diese kritische Position nennt man „CDP-Höhe" (Critical Decision Point). Bei der Landung verfährt der Pilot in umgekehrter Reihenfolge, jedoch darf die Geschwindigkeit für den sicheren Start nicht unterschritten werden, da ein Leistungsabfall ansonsten unweigerlich eine Notlandung nach sich ziehen würde.

Selbstverständlich ist es technisch möglich, einen Hubschrauber senkrecht zu starten und zu landen – und damit wären alle Vorgaben gemäß JAR-OPS 3 hinfällig. Doch dieses Verfahren birgt Risiken und genau die gilt es zu minimieren. Wie hoch ein Hubschrauber schweben muss, um ihn sicher bei einem Leistungsabfall landen zu können ist im Flight-Manual im Höhen-Fahrt Diagramm abzulesen. Fehlt bei einer bestimmten Höhe die dazu festgesetzte Geschwindigkeit, ist es bei einem Triebwerksausfall der Absturz nicht mehr zu vermeiden, eine sichere Landung ist unmöglich. Wer also einen Hubschrauber senkrecht startet, und in zwanzig Metern Höhe einen Defekt am Triebwerk erleidet, wird mit seinem Drehflügler unweigerlich am Boden zerschellen. Diese Kurve wird im Diagramm auch als „Dead-Mans-Curve" bezeichnet.

DER LANDEVORGANG

Bei einer senkrechten Landung, also im Sinkflug ohne Vorwärtsgeschwindigkeit und mit hoher Sinkrate, kann es außerhalb des Bodeneffektes noch zu einer weiteren Notsituation kommen, die dem Piloten ernsthafte Probleme bereitet: Das Wirbelringstadium, auch „Vortex-Ring" genannt. Der Hauptrotor wird aufgrund der Sinkgeschwindigkeit von unten nahezu senkrecht angeströmt. Da diese Anströmung von unten der Geschwindigkeit durch den Rotorantrieb entgegengesetzt ist, entsteht im Rotorinnenbereich eine verringerte Rotordurchströmung bis hin zum Strömungsabriss. Im Außenbereich des Ro-

HUBSCHRAUBER NACH JAR 27/28

Kategorie A (CAT A)	Kategorie B (CAT B)
Mehrmotorige Hubschrauber, die Triebwerke und Systeme arbeiten unanhängig voneinander, bei Ausfall eines Triebwerksdefektes ist ein sicherer Startabbruch oder die Fortsetzung des Fluges gewährleistet.	Mehrmotorige Hubschrauber, die nicht die Leistungsanforderungen der CAT A Klasse in vollem Umfange erfüllen. Ein Triebwerksdefekt kann eine Notlandung nach sich ziehen.

tors kommt es infolge verstärkter Wirbelringbildung zu stark erhöhter Rotordurchströmung. Die Sinkgeschwindigkeit nimmt unkontrolliert zu und die Steuerbarkeit geht dabei verloren. Nur durch die Einleitung einer Autorotation kann man sich aus dem Wirbelring befreien. Ist allerdings im Landeanflug die Höhe zu gering, was in der Natur eines Landeanfluges liegt, schlägt die Maschine auf den Boden und wird zerstört. JAR-OPS 3 schließt senkrechte Start- und Landeverfahren deshalb kategorisch aus.

HUBSCHRAUBERMUSTER NACH JAR

Bei der Einführung der JARs wurde im Rahmen der Standortanalyse festgestellt, dass mehr als 90% aller Start- und Landeplätze nicht den Vorschriften entsprechen. Da ein Schließen der Plätze den Zusammenbruch des Luftrettungsnetzes zur Folge gehabt hätte, beschloss man für den Luftrettungsdienst einige Erleichterungen, so dass es keine Einschränkungen für die deutsche Luftrettung gab.

Keine Kompromisse macht die JAA jedoch bei der Verwendung der Hubschraubermuster, weshalb schon heute fast ausnahmslos alle Helikopter so genannte CAT-A Hubschrauber sind.

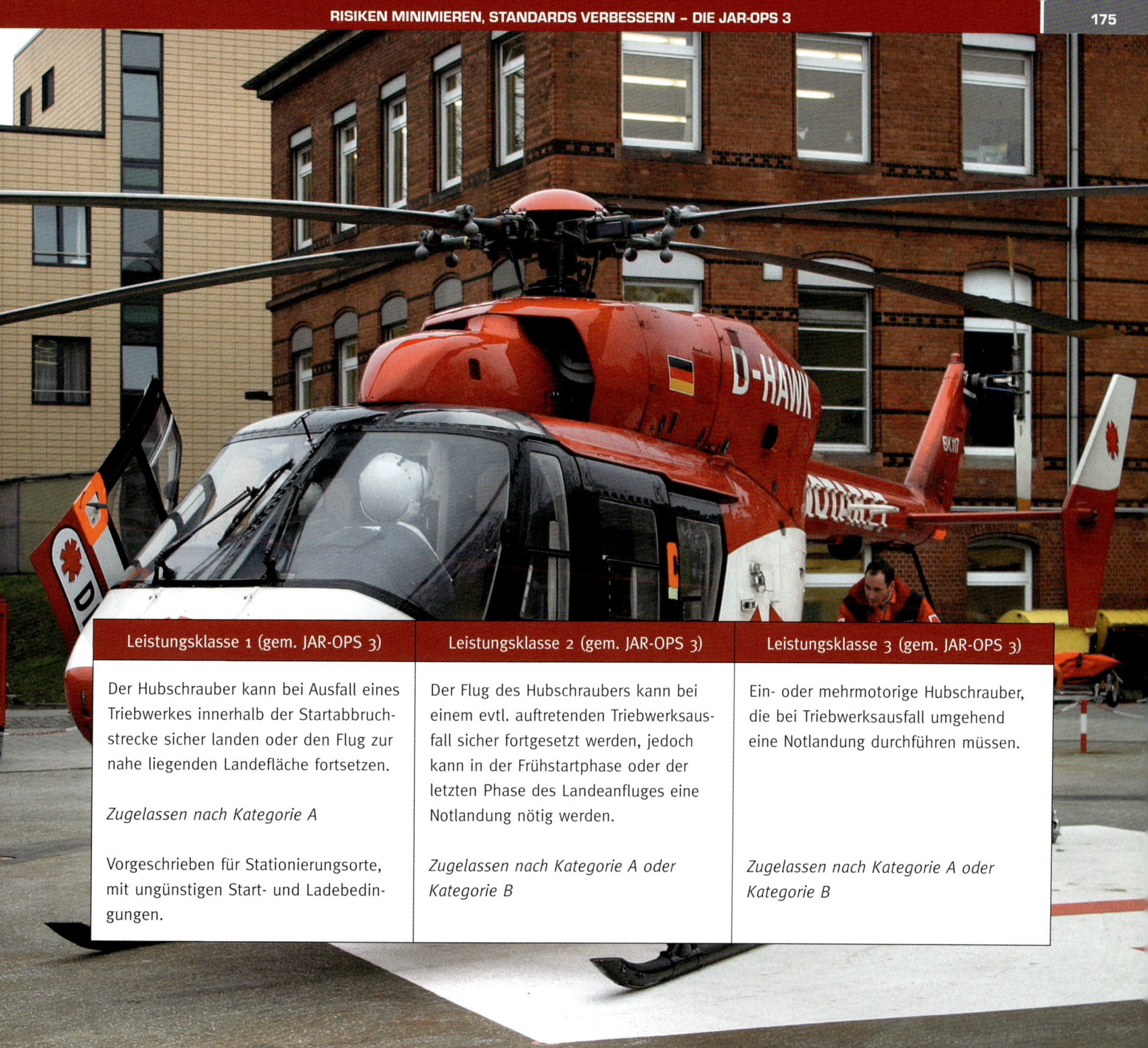

Leistungsklasse 1 (gem. JAR-OPS 3)	Leistungsklasse 2 (gem. JAR-OPS 3)	Leistungsklasse 3 (gem. JAR-OPS 3)
Der Hubschrauber kann bei Ausfall eines Triebwerkes innerhalb der Startabbruchstrecke sicher landen oder den Flug zur nahe liegenden Landefläche fortsetzen.	Der Flug des Hubschraubers kann bei einem evtl. auftretenden Triebwerksausfall sicher fortgesetzt werden, jedoch kann in der Frühstartphase oder der letzten Phase des Landeanfluges eine Notlandung nötig werden.	Ein- oder mehrmotorige Hubschrauber, die bei Triebwerksausfall umgehend eine Notlandung durchführen müssen.
Zugelassen nach Kategorie A		
Vorgeschrieben für Stationierungsorte, mit ungünstigen Start- und Ladebedingungen.	*Zugelassen nach Kategorie A oder Kategorie B*	*Zugelassen nach Kategorie A oder Kategorie B*

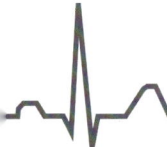

WARTUNG FÜR DIE RETTUNGSHUBSCHRAUBER

Inspektion verschiedener Komponenten des Hauptrotormastes

MOBILE WARTUNG VOR ORT

Wenn der Sonnenuntergang das Ende eines Arbeitstages für Piloten, Rettungsassistenten und Notärzte einleitet, dann beginnt für die Luftfahrzeugtechniker der Servicedienst.

Sie arbeiten bis tief in die Nacht, um die nötigen Wartungsarbeiten und Reparaturen an den Rettungshubschraubern durchzuführen. Die Zeit ist knapp – um 6.00 Uhr in der Früh erwartet die fliegerische Crew, dass alle Systeme überprüft und die notwendigen Reparaturen und Wartungen abgeschlossen sind. Die Kontrolle beginnt mit der Leistungsüberprüfung der Triebwerke; der Techniker misst bei vorgegebener Leistung die Abgastemperatur, Drehzahlwerte und Außentemperaturen. Die ermittelten Werte werden mit den vom Hersteller festgelegten Daten im Flughandbuch verglichen. Kommt es zu unzulässigen Abweichungen, wird intensiv nach der Ursache gesucht. Arbeitet das Triebwerk wie vom Hersteller vorgeschrieben, wird die Leistung reduziert und die Turbine schließlich abgestellt. Die Rollplattform wird mit dem Hubschrauber über ein Schienensystem in den Hangar verbracht. Der Servicetechniker hat hier bereits alle notwendigen Gerätschaften aufgebaut – mit Spezialwerkzeugen, Klappleitern und Arbeitsscheinwerfern beginnt nun die Detailkontrolle des Hubschraubers. Die Luftrettungsorganisationen beschäftigen Mechaniker mit Prüflizenzen, die in mobilen Wartungstrupps die Wartung und Störbehebung durchführen. Sie sorgen durch engmaschige Kontrollen, die vom Hersteller genau festgeschrieben sind, für einen reibungslosen Ablauf des Flugbetriebes.

Gelegenheit für besonders umfangreiche Wartungsarbeiten: das DRF-Operation-Center in Söllingen

Das Reinigen der Cockpitscheiben ist dabei nur ein zusätzlicher Service, der in der Regel ohnehin schon vom Piloten erledigt wird. Umfangreichere Reparaturen und Instandsetzungsarbeiten sind bei größeren Triebwerksdefekten nötig, zum Teil werden auch die Rotorblätter ausgetauscht. Die Kommunikation zwischen Piloten und Mechanikern erfolgt nach telefonischer Absprache oder per Telefax. Sobald ein technischer Defekt gemeldet wird, erfasst der technische Leiter des Luftfahrtunternehmens die Meldung und sortiert sie über einen Computer nach Dringlichkeit. Anschließend beauftragt er den Wartungsdienst. Triebwerksschäden oder Fehler an den Rotorblättern und Rotorköpfen genießen dabei die höchste Priorität. Kleinere Defekte, wie zum Beispiel der Ausfall einer Borduhr können gemäß behördlicher Vorgabe zurückgestellt werden. Allerdings gibt es auch hier durchaus zeitliche Begrenzungen – spätestens zehn Tage nach Eingang der Meldung sollten auch die kleineren Reparaturen erledigt sein. Die Flugtauglichkeit und die Sicherheit der Maschine ist aber zu keinem Zeitpunkt eingeschränkt.

Fallen keine besonderen Schäden ins Gewicht, die ein sofortiges Handeln der Servicetechniker erfordert, so planen die mobilen Wartungsteams ihre Route zu den einzelnen Stationen nach der Fälligkeit der nötigen Flugstundenkontrollen. Bei der BK 117 steht nach 150 Flugstunden eine Routineüberprüfung an. Die Kontrolle beginnt mit der Inspektion des Heckrotors. Das Wartungshandbuch sieht vor, die Magnetstopfen vom Zwischenkegel des Heckrotorgetriebes auszubauen und nachzusehen, ob sich hier durch den Abrieb Metallspäne angesammelt haben. Metallspäne weisen auf einen Verschleiß von Zahnrädern hin oder zeigen an, dass eventuell Lagerschäden bestehen. Mit der Taschenlampe wird die Tur-

Überprüfung des Rotors einer EC 145 der ADAC Luftrettung GmbH in Hamburg

Links: Inspektion der Tankanlage / Rechts: Intensive Arbeiten an einer Bell 412 HP der HDM Flugservice GmbH

bine genauestens „durchleuchtet". Die Schaufeln einer Turbine haben immer etwas Spiel, und lösen ein leichtes Klappern aus, wenn man sie berührt. Zuviel Spiel kann jedoch ein axiales Verschieben hervorrufen, welches Unwuchten erzeugt. Dieses in Fachkreisen „Schaufelwandern" genannte Phänomen wird durch das Anbringen einer Messuhr kontrolliert. Die Techniker kümmern sich auch um die Überprüfung der medizinischen Ausstattung. Sie kontrollieren die Druckleitungen der Sauerstoffversorgung und ckecken das System auf Dichtigkeit. Selbst eine Kontrolle der Sicherheitsgurte und deren Schlösser findet statt.

Neben den Routinearbeiten gibt es für dringende Fälle einen Bereitschaftsdienst, der sofort ausrückt, wenn der Pilot nach einer Landung während eines Einsatzes einen Schaden meldet, der den Weiterflug unmöglich macht.

Umfangreichere Reparaturen, die ein Zerlegen des Hubschraubers erforderlich machen, werden in den Werften der einzelnen Operator durchgeführt. Die Werften sind mit ihren Technikern und Mechanikern bestens ausgerüstet, um fast alle Probleme, die an den teuren und technisch hoch komplizierten Maschinen auftreten können, selbst zu beheben.

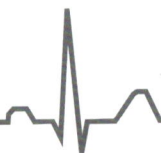

UNFÄLLE IN DER LUFTRETTUNG

ABSTURZ CHRISTOPH 17, KEMPTEN

Am 10. Februar 1995 stürzt der aus Kempten im Allgäu stammende Rettungshubschrauber Christoph 17 im Landeanflug auf eine Einsatzstelle der im alpinen Gelände liegenden Ortschaft Balderschwang ab, nachdem er mit seinem Hauptrotor in eine nicht gekennzeichnete Materialseilbahn geraten ist. Die Besatzung wollte einer verunglückten Langläuferin zur Hilfe kommen. Die Maschine fällt mit dem Cockpit senkrecht nach unten ab und bohrt sich kopfüber in den tiefgefrorenen Boden. Der Absturz zerstört die BO 105 des Innenministeriums völlig. Der Pilot, der keine Chance mehr hatte, den Absturz zu verhindern, kommt bei diesem tragischen Unfall ums Leben. Der Rettungssassistent und der Notarzt überleben das Unglück. Während der Rettung der Besatzung wäre es fast zu einem Folgeunfall mit einem weiteren Hubschrauber gekommen, als auch dieser beinahe mit der Seilbahn kollidierte.

BODENUNFALL CHRISTOPH 19

Am Vormittag des 20. November 1999 ereignet sich auf der Bundesstraße 71 zwischen Eimke und Munster in Niedersachsen ein Verkehrsunfall, als ein PKW bei Eisglätte von der Straße rutscht. Die zuständige Rettungsleitstelle entsendet den Rettungshubschrauber Christoph 19 an die Unfallstelle, weil die bodengebundenen Rettungskräfte wegen der winterlichen Straßenverhältnisse nur langsam vorankommen. Als der Hubschrauber an der Unfallstelle eintrifft, ist die Polizei noch nicht vor Ort. Der Unfallort liegt inmitten eines ausgedehnten Waldgebietes, das außerhalb der Straße keine Möglichkeit bietet, in der Nähe

der Unfallstelle zu landen. Der Pilot entschließt sich zu einer Landung auf der B 71, nachdem die Besatzung sich vergewissert hat, dass sie frei ist. Der Rettungsassistent wird beauftragt, für die notwendige Sperrung der Straße zu sorgen. Nach der Landung verlassen der Arzt und der Rettungsassistent den Hubschrauber, während der Pilot den vorgeschrieben Kühllauf des Triebwerks durchführt. Nach dem Abstellen der Triebwerke – die Rotorblätter drehen sich noch etwa mit 30% ihrer regulären Umlaufgeschwindigkeit – fährt ein PKW von hinten in den Hubschrauber und schiebt ihn ca. 10 Meter vor sich her. Dabei beschädigt das Auto die Bodengruppe des Hubschraubers und den darin untergebrachten Tank, aus dem ca. 500 Liter Kerosin auslaufen. Ein Lkw, der die Stelle passieren will, streift den sich noch drehenden Hauptrotor, der dabei schwer beschädigt wird. Der PKW-Fahrer wird leicht verletzt und anschließend vom Notarzt versorgt.

ABSTURZ ITH BERLIN

Der Intensivtransporthubschrauber des Typs Bell 412 startet am 24. November 2002 mit Pilot, Co-Pilot, Notarzt und einer Rettungsassistentin an Bord in Berlin Tempelhof mit Ziel Pritzwalk-Sommersberg. In Pritzwalk soll ein lebensbedrohlich erkrankter Patient vom dortigen Krankenhaus übernommen und nach Potsdam geflogen werden. Der Flug wird nach Sichtflugregeln durchgeführt und verläuft zunächst ohne Besonderheiten. Um 21.14 Uhr verlässt der Hubschrauber seine Reiseflughöhe von 2000 Fuß. Er umfliegt den Flugplatz auf der westlichen Seite und dreht auf einen Kurs von ca. 100°, passiert den geplan-

*Absturz
Christoph 17*

ten Aufsetzpunkt nordöst-
lich und dreht rechts herum auf
einen Kurs von ca. 260°. Dabei wird der am
Boden wartende Rettungswagen in einer sehr niedrigen Höhe
überflogen. Etwa 300 Meter vom RTW entfernt, bekommt der
Hubschrauber mit relativ hoher Vorwärtsfahrt Bodenberührung
und überschlägt sich. Der Pilot wird beim Aufprall mit seinem
Sitz aus dem Hubschrauber herausgeschleudert. Der Notarzt und
die Rettungsassistentin können sich aus eigener Kraft aus dem
Wrack befreien. Der Co-Pilot wird beim Aufprall tödlich verletzt.

Die erste Bodenberührung des Helikopters erfolgte mit der
rechten Kufe, welche daraufhin sofort abriss. Wenige Meter hinter der Kufe finden sich Spuren vom Aufschlag des Rumpfbugs
und des Hauptrotors. Teile des Bugs werden bis zu einem Meter
tief im Erdreich eingegraben. Der Flugplatz, auf dem sich das
Unglück ereignete, wird regelmäßig von Rettungshubschraubern
angeflogen, da das Krankenhaus in Pritzwalk nicht über eine
geeignete Landefläche verfügt.

Montage

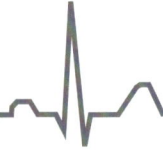

BESONDERE RETTUNGSVERFAHREN IN DER LUFTRETTUNG

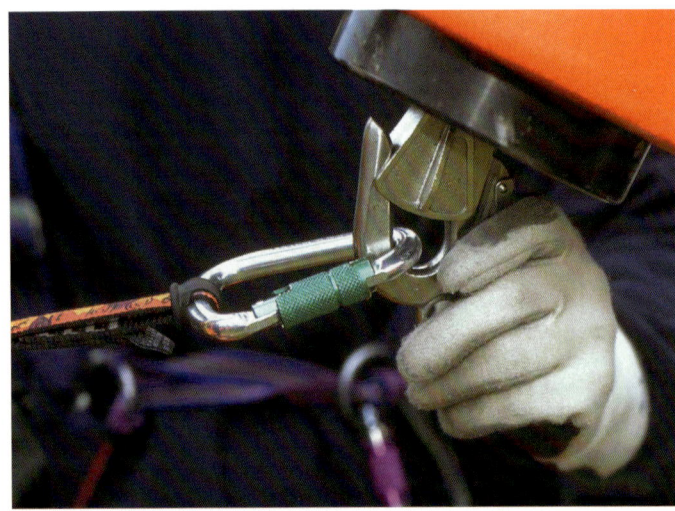

Einklinken am Lasthaken der Winde

FIXTAUVERFAHREN UND WINDENRETTUNG

Der Einsatz von Rettungshubschraubern stellt in alpinen Regionen immer wieder eine besondere Herausforderung dar. Der Einsatzort liegt überwiegend in unwegsamem Gelände und der Patient ist den Widrigkeiten von Klima und Witterung ausgesetzt. Der Verletzte oder Erkrankte soll ohne Zeitverlust versorgt und abtransportiert werden, was aufgrund der geographischen und geologischen Gegebenheiten des Einsatzortes nicht immer einfach ist. Gerade unter diesen Bedingungen ist dem Einsatz von Rettungshubschraubern mit Fixtau oder Winde zentrale Bedeutung zuzumessen. Durch die Zunahme des alpinen Touris-

mus und die weiter steigende Beliebtheit des Bergsports hat sich die Zahl von Einsätzen in den Deutschen Alpen drastisch erhöht. Um sich besser auf solche Einsätze vorzubereiten und diese zu meistern, reagierten die Betreiber von Luftrettungsstützpunkten durch eine erweiterte Ausrüstung ihrer Hubschrauber mit technischem Gerät.

Ein fester Bestandteil der kombinierten Berg- und Luftrettung ist das von der Bergwacht des Bayerischen Roten Kreuzes in Zusammenarbeit mit der Fliegerstaffel Süd der Bundespolizei entwickelte und eingeführte System des Fixtauverfahrens. Die Vorrichtung für das Fixtauverfahren ist im Gegensatz zu Winde wesentlich einfacher und kostengünstiger. Eine Lastenkupplung, die an der unteren Seite des Hubschraubers befestigt wird, dient zur Aufnahme der entsprechenden Seile, die unterschiedliche Längen aufweisen. Bewährt haben sich Fixseile die 15, 30, und 50 Meter lang sind. Am Ende des Seils wird der Bergwachtmann oder Notarzt in einen Spezialgurt eingehängt. Ein unbeabsichtigtes Auslösen des Lasthakens wird durch eine zusätzliche Sicherung verhindert. Selbstverständlich besteht auch die Möglichkeit, dass die vorhandenen Seile aneinander gereiht werden können, so dass eine Gesamtlänge von etwa 90 Meter zur Verfügung steht. Eine große Seillänge kann von Nöten sein, um in tiefe Felsspalten gestürzte Bergsteiger zu retten oder verunglückte Paragleiter aus Baumkronen zu befreien. Mit kurzen Seilen würde hier die Gefahr bestehen, dass die Verunfallten durch den Rotorabwind aus dem Baumwerk regelrecht heruntergeblasen werden.

NIcht ungefährlich: Die Aufgaben beim gemeinsamen Training von Bundespolizei (früher BGS) und Bergwacht sind durchaus heikel.

Durch den Einsatz des Fixtaus wurde die Hilfsfrist erheblich verkürzt. In der Vergangenheit mussten die Helfer immer einen recht weit entfernten Landeplatz aufsuchen, um sich dann zu Fuß den Weg zum Patienten zu bahnen. Das Fixtauverfahren ist eine Option, die bei Rettungshubschraubern zur Anwendung kommt, die nicht mit einer Windenvorrichtung versehen sind. So ist zum Beispiel der Einsatz einer Winde bei Hubschraubern des Typs Eurocopter BO 105 wegen der geringen Platzverhältnisse nicht möglich. Der Einsatz des Fixtaus im Rahmen der alpinen Rettung stellt eine Vorgehensweise dar, die sich in Österreich und auch in der angrenzenden Schweiz seit vielen Jahrzehnten bewährt hat.

Bei Einsatz des Bergetaus verlässt der Rettungsassistent seinen Sitz und begibt sich auf die Kufen des Hubschraubers. Hier ist er mit einem so genannten „Stehhaltegurt" gesichert. Dieser spezielle Sicherungsgurt ist mittels Sicherungsschlaufe am Kabinenboden des Hubschraubers befestigt und verhindert ein Abstürzen des Luftretters. Somit ist ein sicheres Arbeiten der Crew bei besonderen Rettungsverfahren möglich. Damit eine größt-

mögliche Sicherheit gewährleistet ist, wird der Gurt im Rahmen der Hubschrauberkontrolle bei Dienstantritt auf die Körpermaße des diensthabenden Luftretters angepasst, um im Einsatzfall keine unnötige Zeit zu vergeuden. Grundsätzlich werden die Luftretter noch einmal von einem weiteren Besatzungsmitglied, beispielsweise vom mitfliegenden Notarzt, zusätzlich auf die korrekte Sicherung hin überprüft.

Kommt es zu einer Alarmierung, bei der ein Einsatz des Fixtaus notwendig scheint, wird zunächst ein in der Nähe des Unglücksortes befindlicher provisorischer Landeplatz aufgesucht. Der Lasthaken kann binnen weniger Minuten an der Unterseite des Hubschraubers befestigt werden. Nachdem der Helfer am Ende des Fixtaus entsprechend gesichert ist, hebt der Hubschrauber behutsam vom Boden ab. Jetzt wird der Helfer, quasi als Außenlast hängend, zu jedem schwer zugänglichen Einsatzort geflogen. Die bewegliche medizinische Ausrüstung trägt er in einem Rucksack bei sich. Die Einweisung des Piloten erfolgt durch einen zweiten Bergwachtmann, der gesichert auf der Landekufe steht. Die Kommunikation der am Einsatz beteiligten Crew-Mitglieder, erfolgt mittels Sprechfunk. Sobald der Helfer erfolgreich beim Notfallpatienten eintrifft, löst dieser sich vom Tau und beginnt mit der Versorgung des Verunglückten. Jetzt begibt sich der Hubschrauber in eine Position, von der aus der Pilot das Geschehen gut beobachten kann. Sobald die Bergretter dem Piloten ein Signal zukommen lassen, dass der Patient für den Transport vorbereitet ist, begibt sich die Maschine mit dem Fixtau zurück zu den Helfern. Nachdem die Retter sich wieder in den Lasthaken eingehängt haben, erfolgt der Transport zum Zwischenlandeplatz. Im Anschluss an die weitere ärztliche Versorgung am Boden wird der Patient in den Hubschrauber verbracht und in die Klinik geflogen.

Schwierig wird der Einsatz des Fixtaus bei starken, böigen und ständig wechselnden Winden. Damit der Umgang mit dem

Windentraining
des SAR 71

Fixtau sicher gehandhabt werden kann, absolvieren Hubschrauberbetreiber, Bergwacht, Notärzte und Luftretter ständig gemeinsame Trainingseinheiten. Die Durchführung eines solchen Einsatzes erfordert nicht nur Mut und höchste Motivation von den Bergwachtmitarbeitern, sondern stellt vor allem an den Piloten hohe fliegerische Ansprüche.

Neben dem Fixtauverfahren erfährt der Hubschrauber gerade in der alpinen Rettung eine Erweiterung seines Einsatzspektrums durch die Verwendung einer Rettungswinde. Die Tragkraft der Rettungswinde beträgt etwa 270 kg, die Seillänge beträgt ca. 90 Meter. Rettungshubschrauber, die mit einer Rettungswinde ausgerüstet sind, werden in der Regel von einer so genannten „Doppelbesatzung" geflogen. Diese besteht aus dem Piloten und dem Bordwart, der zumeist auch als „Winchoperator" eingesetzt wird. Der „Winchoperator" steht während des Rettungseinsatzes, gesichert durch den Haltegurt, auf der Kufe des Hubschraubers und bedient aus dieser Position heraus die Winde. Dabei unterstützt er den Piloten in der punktgenauen Einweisung. Der Operator kommuniziert während des gesamten Rettungseinsatzes permanent über

Sprechfunk mit dem Piloten. Grundsätzlich sind unterschiedliche Verfahrensarten zum Einsatz mit der Rettungswinde möglich. Es können Personen und medizinisches beziehungsweise technisches Gerät auf und ab gelassen oder verletzte Personen gemeinsam mit dem Helfer in den Hubschrauber hinauf befördert werden. Hauptsächlich wird die Winde in der Notfallrettung eingesetzt, um bei Einsätzen in unwegsamem Gelände den Notarzt abzusetzen. Der Patient wird nach der medizinischen Erstversorgung in einen speziellen Bergesack gelagert, der es den Luftrettern ermöglicht, den Betroffenen über das Windenseil aufzunehmen und durch die Luft abzutransportieren.

Die ARA-Flugrettungs GmbH hat gemeinsam mit der deutschen Firma ECMS Aviation Systems ein spezielles Fixtausystem entwi-

ckelt, dass den Anforderungen im alpinen Gelände besonders gerecht wird: das „AirAccess-System". Das „HMS01-System" (Zulassungsbezeichnung des AirAccess) wird am Kufenlandegestell des Hubschraubers angebracht. Die dafür erforderlichen Haltebolzen sind beispielsweise bei der BK 117 serienmäßig vorhanden; sie dienen normalerweise zum Anbringen der Räder für den Bodentransport des Hubschraubers. Auf die Bolzen werden zwei kardanisch gelagerte Hebelsystems aufgesteckt, von denen zwei Seile, die so genannten Lastseile, nach unten weggehen. Ein Verbindungsseil verknüpft die oberen Hebelenden. Auf diese Weise ist die strukturelle Belastung des Kufenlandegestells minimal, und es können Außenlasten bis 500 kg an die Lastseile eingehängt werden.

Die beiden Lastseile verbinden den Hubschrauber mit dem Lastträger, der entweder als reiner Lastpunkt ausgeführt ist (RescueBeam, in dieser Form kommt das System bei der ARA in Reutte/Tirol auf dem Hubschrauber RK 2 zum Einsatz) oder als breiter CageBeam zum Befestigen eines Tragekäfigs, zum Beispiel für die Rettung aus Gewässern oder für die Luftarbeit. Die Seile laufen per mechanisch gedämpften Seilrollen durch RescueBeam/CageBeam hindurch, wodurch die Seitwärts-Pendelbewegung des Systems deutlich geringer ist als bei Einzelseil-Systemen. Durch die Verwendung des Doppelseils kann die Last darüber hinaus auch in Flugrichtung vom Piloten aus gesehen, dem Heading, ausgerichtet werden, was den Einsatz von bodengebundenen Antirotationsleinen unnötig macht. So sind sehr präzise Lasttransporte und Einsätze unter engsten

räumlichen Bedingungen möglich. Eine Ablaufsicherung verhindert, dass im Fall eines einseitigen Seilrisses die Last verloren geht (Sicherheit durch Redundanz im Lastpfad). Ein elektronisches Steuergerät überwacht die in den Hebeln untergebrachten pyroelektrischen Kappvorrichtungen, mit denen im Notfall die Seile am Hubschrauber getrennt werden können, falls sich beispielsweise das Lastgeschirr am Boden verfangen sollte. Zudem ist eine Anzeige für angehängte Last vorhanden, welche dank eines programmierbaren Offsets und akustischer Signale auch Andockmanöver unter schwierigen Bedingungen, exemplarisch wäre an Hochspannungsleitungen zu denken, erlaubt. Zur Vorrüstung für AirAccess ist am Hubschrauber lediglich das Einsetzen des Steuergerätes und das Verlegen einiger Kabel erforderlich. Der Anbau des Gerätes selbst erfolgt in wenigen Minuten und erfordert keine Werkzeuge. Der optionale zusammenklappbare Korb kann auf dem Weg zum Einsatzort in der Kabine mitgeführt werden. Das System ist geeignet zum Einsatz an der BO 105, der BK 117, der EC 135 und der EC 145.

WASSERRETTUNG MIT HUBSCHRAUBERN

Der Hubschrauber kommt jedoch nicht nur in der Bergrettung verstärkt zum Einsatz, sondern ist auch bei Notfallsituationen wie Tauch- und Wasserunglücken oder bei Eisrettungseinsätzen ein besonders geeignetes Rettungsmittel. Der Vorteil beim Einsatz des Rettungshubschraubers liegt schon allein in der Tatsache, dass dieser in der Lage ist, ein relativ großes Gebiet in kurzer Zeit abzusuchen.

Über 600 Menschen ertrinken jährlich in Deutschlands Bade- und Baggerseen. Nicht immer sind unzureichende Schwimmfähigkeiten von Kindern oder Wassersportlern der Grund. Oft ist es das plötzliche umschlagende Wetter, das Paddler oder Badende in prekäre Situationen bringt. Das TEAM DRF hat aufgrund der zahlreichen Unglücksfälle reagiert und gemeinsam mit dem verantwortlichen Lehrtaucher der staatlichen Feuerwehrschule Regensburg, Hubertus Bartmann, ein Wasserrettungskonzept erarbeitet, das erstmals den Hubschrauber gezielt in die Rettung von Menschen aus Gewässern einbindet.

Rettung vor dem kalten Tod: Übung von Eisrettern in Bayern

Huschraubertauchretter (HTR) mit voller Ausrüstung

Für Berg- und Wassereinsätze gleichermaßen: ECMS Air Access

Schnelle Hilfe bringt diese Spezialplattform des BayWaH

Das Bayerische Wasserrettungskonzept mit Hubschraubern (BayWaH) sieht vor, dass neben Notarzt und Rettungsassistent auch zwei Wasserretter zum Unfallort gebracht werden. Die Rettungstaucher benötigen hierbei nur eine kleine Ausrüstung, die es ihnen ermöglicht, etwa zehn Minuten unabhängig unter Wasser zu arbeiten. Ergänzend dazu tragen sie einen Auffanggurt und eine Rettungsweste, die mittels Knopfdruck in sekundenschnelle aufgeblasen werden kann. Das Besondere an dem Konzept ist die Verwendung einer speziellen aufblasbaren Rettungsplattform, die an der Stirnseite geöffnet ist. Der Transport eines Bootes zur Unglücksstelle entfällt somit, die Retter können den Verunfallten problemlos auf diese Plattform „einschwimmen". Ein aufblasbarer Keil stabilisiert den Rücken der Patienten, der Kopf wird auf einer Art „Gummiwulst" gelagert. Ist der Patient bewusstlos, haben die Retter die Möglichkeit, sofort mit den medizinischen Versorgungsmaßnahmen zu beginnen. Die Plattform bietet den bewusstseinsklaren Opfern von Wasserunfällen darüber hinaus Schutz und Sicherheit. Durch die Unterstützung der Partner aus dem TEAM DRF werden künftig weitere Rettungsorganisationen an dem neuartigen Wasserrettungskonzept ausgebildet.

Allerdings muss man berücksichtigen, dass es – wie beim Einsatz des Bergetauverfahrens – natürlich auch hier verfahrenstechnische Grenzen wie böige Winde oder starke Rauchentwicklung gibt, die eine Orientierung des Piloten unmöglich machen.

ECMS AirAccess
im Einsatz

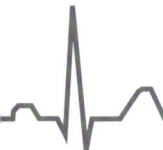

RETTUNGSDIENST IM RAMPENLICHT

UNGEWOLLTES AUFSEHEN

Immer wenn prominente Mitmenschen zu Notfallpatienten werden, rückt das Rettungssystem und somit auch die Luftrettung ins ungewollte Rampenlicht. Binnen kürzester Zeit sind die Beteiligten den Blicken der Öffentlichkeit schonungslos ausgeliefert. Die tausendfach bewährte, anerkannte und hochgelobte Routine wird plötzlich erbarmungslos attackiert. Zwei Beispiele, die Attentate auf Oskar Lafontaine und Dr. Wolfgang Schäuble, geben Auskunft darüber, wie schnell seitens der Kritiker die Retter öffentlich angegangen werden – auch wenn sie vorbildlich arbeiten.

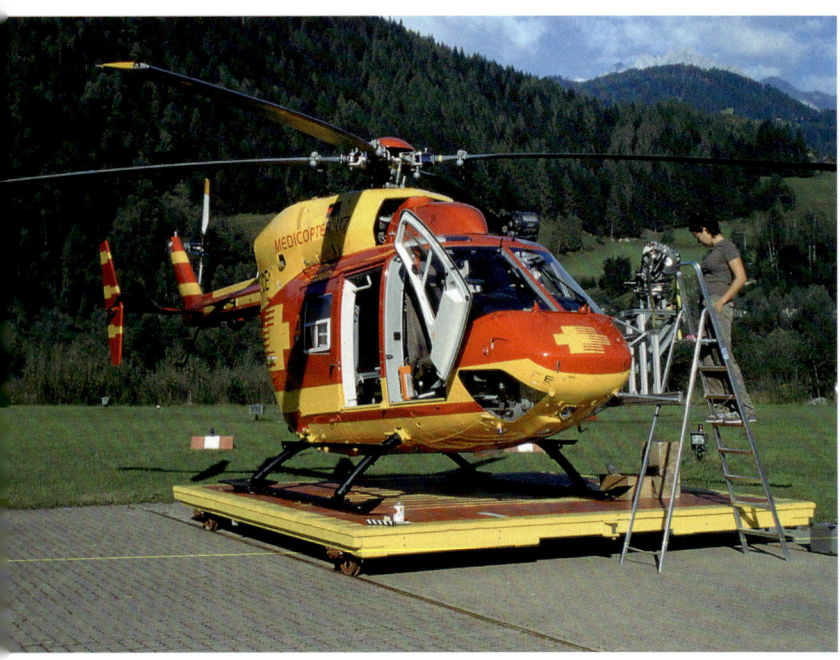

Am 25. April 1990 spricht Oskar Lafontaine in der Köln-Mülheimer Stadthalle. Wahlkampf. Die Menschen mögen den saarländischen Politiker. Und Lafontaine die Menschen. Nach seiner Rede gibt es Applaus. Lafontaine steht auf der Bühne, Menschen beglückwünschen ihn, überreichen Blumen. Alles scheint friedlich und fröhlich. Adelheid S. sucht ebenfalls die Nähe des Saarländers, überreicht ihm einen Blumenstrauß und ein kleines Poesiealbum, bittet den Politiker um ein Autogramm. Oskar Lafontaine lächelt kurz, möchte ihr diesen Wunsch erfüllen. Es ist 20.45 Uhr, da zieht Adelheid S. in sekundenschnelle ein Fleischermesser und rammt es dem ahnungslosen SPD-Kanzlerkandidaten in den Hals. Lafontaine sackt zusammen, rollt sich am Boden. Eine „göttliche Eingabe" verfolgte S., als sie von Jesus Christus persönlich den Auftrag erhielt, Lafontaine zu töten, gibt die schizophrene Attentäterin später zu Protokoll. Lafontaine verliert binnen weniger Minuten fast drei Liter Blut, erleidet einen schweren Schock. Sein Kreislauf schaltet auf Minimalfunktion, doch er hat unglaubliches Glück. Die Halsschlagader selbst bleibt unverletzt, der Stich verfehlte sie nur knapp. Die Hilfe kommt schnell: anwesende Rettungssanitäter komprimieren die stark blutende Wunde sofort, der Rettungsdienst der Stadt Köln ist in kürzester Zeit mit zwei Notärzten vor Ort. Der Politiker wird transportfähig gemacht, künstlich beatmet und medikamentös behandelt. Ein Rettungswagen bringt den SPD-Politiker ins Krankenhaus. Eine gute dreiviertel Stunde später wird Lafontaine in der Kölner Uniklinik operiert – und überlebt das Attentat ohne bleibende Schäden.

Obwohl alles gut verläuft attackieren die Pressevertreter die Einsatztaktik, Kritik am bodengebundenen Transport wird laut.

Oben und unten links: Dreharbeiten für die RTL-Serie „Medicopter 117". Das Kameragestell ist an der BK 117, einer Ersatzmaschine der DRF, deutlich zu erkennen. Der Erfolg der actionreichen – und extrem realitätsfernen – Geschichten zeugt ebenfalls vom großen öffentlichen wie auch medialen Interesse an der Rettung, die vom Himmel kommt.

Warum ist Lafontaine nicht mit dem schnellen Hubschrauber „Christoph 3" geflogen worden? Wer entschied, den Politiker auf den zeitlich verzögerten Bodenweg zu transportieren? Trotz der heftigen Diskussionen argumentierte der Einsatzleiter sach-

lich und fachlich völlig korrekt. Vorsorglich wurden Christoph 3 und ein SAR-Hubschrauber angefordert und bereitgehalten, wenn ein sofortiger Verlegungsflug in eine Spezialklinik von-nöten gewesen wäre. Nur die SAR-Maschine hätte den Flug in

Rettungshubschrauber begeistern schon die Kleinsten

der Dunkelheit und eine sichere Außenlandung durchführen können. Bei genauer Betrachtung arbeiteten die Kölner mit der im Rettungsdienst üblichen Perfektion. Der verantwortliche Notarzt bestätigt die Transportfähigkeit des Patienten im RTW, was von Medienvertretern ohne medizinische Ausbildung und Interpretationskompetenz angezweifelt wird. Ein Umladen in den Rettungshubschrauber hätte unweigerlich mehr Zeit in Anspruch genommen, zumal erst ein Landeplatz hätte gefunden und ausgeleuchtet werden müssen. Der Notarzt entschied sich also absolut richtig für den schnellen Transport mit dem RTW in das nur unweit entfernte Uniklinikum, wo Oskar Lafontaine kompetent weiterversorgt wurde.

Das Attentat auf Oskar Lafontaine ist nicht das einzige Gewaltereignis, das die deutsche Politik 1990 erschüttert. Es ist der 12. Oktober, ein Freitag. Dr. Wolfgang Schäuble, damaliger Innenminister, befindet sich im Wahlkampf. Heute führt sein Weg ihn nach Oppenau, einem kleinen, friedlich wirkenden Städtchen inmitten des Schwarzwaldes. Er möchte die Bürgernähe, ist ein Mann zum Anfassen, Sympathieträger. Mit dieser positiven Lebenseinstellung betritt er den Veranstaltungsraum der Gaststätte „Bruder". Direkt am Eingang sitzt ein 36-jähriger Mann, Dieter K. Seine Hand hält er in Brusthöhe auf der Innenseite des Jacketts, verdeckt seine 38er Smith & Wesson. Die Waffe, mit der er Wolfgang Schäuble töten will. K. hat zu diesem Zeitpunkt bereits mehr als 20 Jahre lang Drogen konsumiert und dadurch massive Hirnschäden erlitten. Später werden ihm die Ärzte durch Gutachten bescheinigen, dass seine Erkrankung, eine „paranoid-halluzinatorische Schizophrenie", ihn zu dieser Wahnsinnstat gegen den Innenminister getrieben hat.

K. selbst besitzt keine Waffe sondern bedient sich heimlich am Waffenschrank seines Vaters. Er reist nach Oppenau und hört sich aufmerksam die Rede Schäubles an. Als diese zu Ende ist, verlässt Wolfgang Schäuble den Saal. Es ist 21.55 Uhr. Jetzt

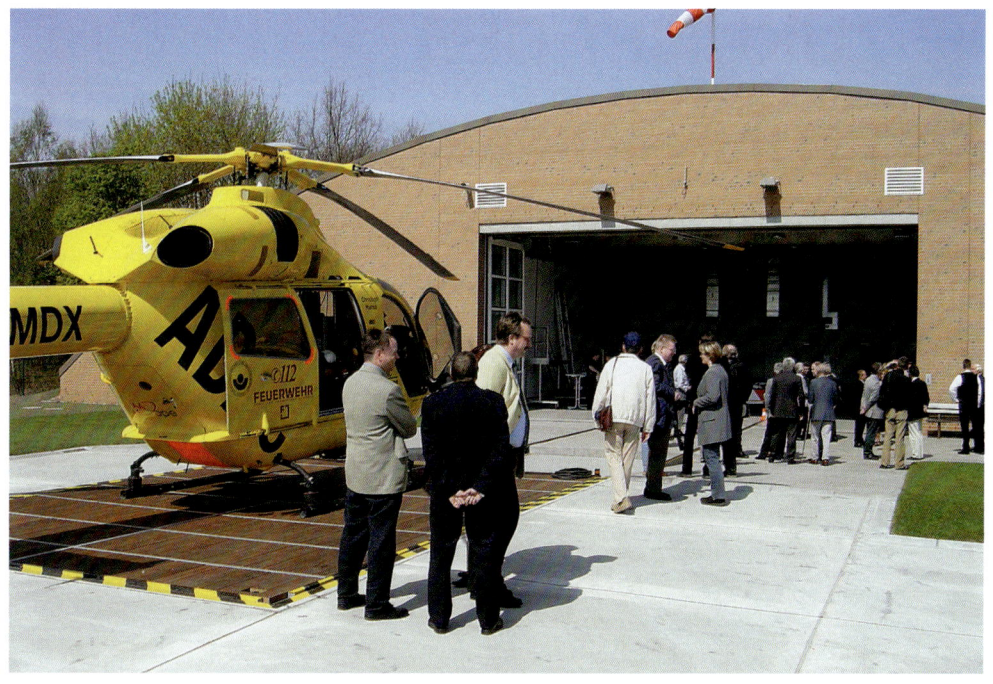

Stets ein Publikumsmagnet: Tage der offenen Tür in LRZ, hier eine Einweihung in Hamburg

nähe gelandet sei, sondern er wäre wohl aufgrund des Nebels, in einer Warteposition in Offenburg verblieben. Auch werden einsatztaktische Fehlentscheidungen in aller Form von Besserwissern, Hobbyrettern und Journalisten diskutiert: Der Hubschrauber habe gleich den Notfallort anfliegen müssen.

Als das örtlich zuständige Deutsche Rote Kreuz einen aus einsatztaktisch und notfallmedizinischer Sicht optimal verlaufenden Einsatz erläutert und offen über die Gerüchte spricht, wird dies kaum wahrgenommen. In diesem Fall spielte tatsächlich das Wetter und die Dunkelheit eine wichtige Rolle. Ein ausschließlicher Lufttransport wäre unverantwortlich gewesen. Luftrettung bedeutet Sicherheit. Sicherheit

steht Dieter K. genau vor dem Politiker, zieht seinen Revolver und drückt ab. Zweimal trifft er Schäuble – in den Rücken und am Kopf. Ein dritter Schuss trifft den Bodyguard des Ministers, der sich schützend vor seinen Dienstherrn wirft. Ein Projektil zertrümmert den Unterkiefer Schäubles, ein weiteres seine Wirbelsäule. Dr. Wolfgang Schäuble ist querschnittsgelähmt. Sofort sind die Rettungsdienste vor Ort. Nach der Erstversorgung wird er von Oppenau aus über Oberkirch ins Kreiskrankenhaus nach Offenburg gebracht. Ein SAR-Hubschrauber bringt ihn ins Universitätsklinikum nach Freiburg. Hier landet der Hubschrauber gegen 1.10 Uhr. Der „Hubschrauber-Irrflug" wird von „Experten" öffentlich in den Medien diskutiert: Zeitungen berichten, dass der Hubschrauber nicht wie erwartet in unmittelbarer Tatort-

hat stets Priorität – auch vor dem Risiko. Ein Risiko ist eben Nebel – und an diesem Abend hing die Region voll damit. Die zuständige Rettungsleitstelle handelte unter Berücksichtigung der Wetterlage richtig: Sie dirigierte den Hubschrauber um den Nebel herum, direkt zum Kreiskrankenhaus nach Offenburg. Hier war eine sichere Landung möglich.

Diese beiden Beispiele zeigen recht deutlich, dass ein „Einmischen" der Öffentlichkeit beziehungsweise der Medien und die damit verbundenen Interpretationen meist von Unkenntnis geprägt sind. Obwohl ein bewährtes Rettungssystem professionelle Hilfe anbringt, geraten die Verantwortlichen und auch die direkt beteiligten Helfer oft ins Kreuzfeuer der Kritik. Der Imageschaden, der hier unrechtmäßig entsteht, ist bedauerlich.

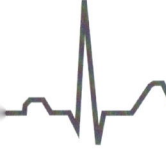

DIE ZUKUNFT DES LUFTRETTUNGSDIENSTES

DIE EUROPÄISCHE HARMONISIERUNG DES LUFTVERKEHRS: DIE JAA

Die zunehmende Verflechtung des Luftverkehrs in Europa und der europäische Binnenmarkt erfordern eine Harmonisierung von Zulassung und Betrieb von Luftfahrzeugen und der Lizenzierung des eingesetzten Luftfahrtpersonals. Die Europäische Zivilluftfahrt-Konferenz (EHAC) hat aus diesem Grund die „Joint Aviation Authorities" (JAA), einen Zusammenschluss der euro-

päischen Luftfahrtbehörden, gebildet. Aufgabe der JAA ist es, in den genannten Bereichen die Regelungen der Mitgliedsstaaten zu vereinheitlichen. Zehn europäische Staaten gründeten am 11. September 1990 die JAA als Arbeitsgemeinschaft der europäischen Luftfahrtbehörden im Bereich der Entwicklung, des Baus, der Instandhaltung und des Betriebs sowie der Lizenzierung von Luftfahrtpersonal. Es entstand eine Stiftung niederländischen Rechts. Die JAA besitzen allerdings keine Rechtsfähigkeit, sie können insbesondere – auch wenn dies stillschweigend von der

JAA übergangen wird – kein eigenes Recht setzen, das in den 25 Mitgliedsstaaten unmittelbar gilt. Den Mitgliedsstaaten ist es aber unbenommen, die von der JAA erarbeiteten Grundlinien in ihr jeweiliges nationales Recht umzuwandeln. Durch die JAA wurden für den europäischen Luftverkehr so genannte „Joint Aviation Requirements" (JARs) geschaffen, die der Umsetzung und Anwendung in den Mitgliedsstaaten bedürfen, sofern es um das Verfahren im Hinblick auf Technik und Verfahrensweisen auf Luftfahrtgerät und Personal geht.

Für den gewerblichen Flugbetrieb mittels Helikoptern erarbeitete die JAA die JAR-OPS 3, die sich in zwei Hauptteile gliedert:

• Teil A: Technische und betriebliche Vorschriften
• Teil B: Methodik der Nachweisführung

In der JAR-OPS 3 finden sich klare Regelungen zur Durchführung der Luftrettung mit Hubschraubern – Vorschriften, die bislang in nationalen Rechtsanwendungen nicht vorhanden waren. Hierdurch ist es gelungen, vorhandene nationale Defizite durch internationale Absprachen aufzuheben. Die Vorschriften werden schrittweise seit dem 1. Oktober 1998 umgesetzt und beziehen sich in erster Linie auf die unterschiedlichen Triebwerksleistungen des zum Einsatz kommenden Hubschraubermusters. Da die Anforderungen deutlich erhöht wurden, ist es unumgänglich geworden, die Flottenverbände an Hubschraubermustern umzustrukturieren und sich von der BO 105 oder der BELL UH-1D zu trennen. Die neueren Muster BK 117, EC 135, EC 145 und MD 900 erfüllen die neuen Anforderungen, so dass fast alle in der deutschen Luftrettung tätigen Operator schon jetzt die Forderungen umgesetzt haben. Obwohl die JAR-OPS 3 nicht bei staatlichen und hoheitlichen Betreibern zur Anwendung kommt, strengen auch die Bundespolizei und die Bundeswehr Überlegungen zum Austausch ihrer teilweise über 30 Jahre alten BO 105 an.

da hier auch der grenzüberschreitend täti-ge RTH Christoph Europa 1, gestellt durch den ADAC, stationiert ist.

Ein wesentliches Ziel von EUCREW ist die Steigerung der grenzüber-schreitenden Effizienz des Rettungs-dienstes. Dieses Ziel ist jedoch nicht immer leicht zu erreichen, da sämtliche Belange hinsichtlich der Einsatztaktik zur Alarmierung des RTH und die jeweils unter-schiedlichen rettungsdienstlichen Rahmenbedingungen auf die betei-ligten Länder angepasst werden müs-sen. Um den RTH nun in die vorhandenen Strukturen der Grenzländer zu integrieren, sind ne-ben der uneingeschränkten Akzeptanz des Luftrettungsmittels auch zahlreiche andere Voraussetzungen, wie zum Beispiel eine sichere Kostenübernahme des Einsatzes zu schaffen. EUCREW dient als Schnittstelle für die an der Euregio Maas-Rhein betei-ligten Staaten Belgien, Deutschland und die Niederlande und optimiert so deren Kooperation. Die hier gewonnenen Erfah-rungswerte können somit auch positiv in anderen grenznahen Regionen genutzt werden. Zu den von EUCREW durchgeführten Schulungen gehören vor allem Sprachprogramme, Einblicke in die unterschiedlichen rettungsdienstlichen Strukturen, Ausbil-dungsformen, notfallmedizinische Versorgungsstrategien, Ein-satzorganisation und flugbetriebliche Gegebenheiten.

Gerade im Hinblick auf die unterschiedlichen Rettungssyste-me sind immer wieder praktische Maßnahmen gefordert, die eine Kooperation erst abrunden. So stellt sich häufig die Frage, welche Gerätschaften mit denen der Kollegen kompatibel sind. Passen die Beatmungsgeräte in die Sauerstoffanschlüsse der

EUCREW – EIN EUROPÄISCHES ZENTRUM FÜR DIE LUFTRETTUNG

Um künftig in grenznahen Gebieten die Zusammenarbeit der am Rettungsdienst beteiligten Organisationen zu Land und in der Luft zu fördern, auszubauen und zu optimieren wurde ein bislang einmaliges europäisches Modellprojekt geschaffen: „EUCREW". Hier erhalten die unterschiedlichsten Berufsgruppen aus dem Bereich der Notfallrettung Gelegenheit, sich mit den Arbeitsbedingungen und den Methoden ihrer europäischen Kol-legen vertraut zu machen.

EUCREW ist somit Anlauf- und Kontaktstelle für Rettungsassis-tenten, Leitstellendisponenten, Notärzte, Rettungssanitäter und Piloten gleichermaßen und fördert auf diese Weise das gegen-seitige Verständnis der Berufsgruppen auf europäischer Ebe-ne. Die Organisation selbst ist eine Interessengemeinschaft aus den Initiatoren, welche sich stetig um die grenznah tätigen Ret-tungsdienste und andere medizinische Einrichtungen ergänzt. Als Standort wurde der Flugplatz Würselen-Merzbrück gewählt,

anderen Fahrzeuge? Können Krankentragen und Patientenstühle getauscht werden? Welche Versorgungsstrategien hinsichtlich von Notfallpatienten gibt es und wer hat beispielsweise welche Kompetenz und Weisungsbefugnis? EUCREW klärt diese Fragen und vermittelt Kenntnisse, die nötig sind, um reibungslos kooperieren zu können. Auch die Ausbildung von Rettungsassistenten zum Einsatz auf Ambulanzflugzeugen und Intensivtransporthubschraubern wird von EUCREW übernommen. Gemeinsam mit der „Deutschen Interdisziplinären Vereinigung für Intensiv- und Notfallmedizin" (DIVI) wurde darüber hinaus für den bodengebundenen Einsatz von Rettungsassistenten auf Intensivtransfermobilen ein Schulungsprogramm erarbeitet. EUCREW setzt sich intensiv mit der Zukunft des Rettungsdienstes auseinander und wird damit ein weltweit mustergültiges Luftrettungssystem durch das Know-how äußerst erfahrener Profis weiter nach vorne bringen.

Im bayerisch-österreichischen Grenzgebiet kooperiert der ADAC schon länger mit der „Christophorus"-Flotte des ÖAMTC

DIE ZUKUNFT HEISST EUROPA: GRENZÜBERSCHREITENDE LUFTRETTUNG AM BEISPIEL VON CHRISTOPH EUROPA 5

Als die Deutsche Rettungsflugwacht e.V. am 1. April 2005 im nordfriesischen Niebüll den Helikopter „Christoph Europa 5" in Dienst stellt, macht die Luftrettung in Zeiten des Schengener Abkommens wieder einen bedeutenden Schritt nach vorn: Zwar hatte der ADAC im deutsch-niederländischen und deutsch-österreichischen Grenzgebiet bereits die Idee der „Christoph Europa"-Hubschrauber etabliert, den Sprung Richtung Dänemark hatte bisher jedoch kein Betreiber gemacht. Da die Krankenkassen in Schleswig-Holstein schon lange eine bessere Versorgung der Land- und Inselbevölkerung des Bundeslandes angemahnt hatten, wurde der DRF-Hubschrauber aus Itzehoe an das Kran-

Christoph Europa 5 operiert an der deutsch-dänischen Grenze

Gerade die Luftrettung kann sich dem europäischen Gedanken auf gar keinen Fall verschließen

kenhaus nach Niebüll verlegt und damit der Grundstein für eine grenzüberschreitende Luftrettung mit dem skandinavischen Nachbarstaat gelegt.

Denn bisher gab es in Dänemark kein Netz von Hubschraubern für die Notfallrettung. Folglich profitiert die Bevölkerung im südlichen Verwaltungsbezirk Sønderjylland nun enorm von dem grenzüberschreitenden Projekt. Die DRF kooperiert dabei eng mit dem dänischen Rettungsdienstbetreiber Falck sowie mit den Regionalverwaltungen auf beiden Seiten. Da die Europäische Union mit dem Projekt „Interreg III A" grenzübergreifende Initiativen fördert, erhalten die Partner EU-Gelder zur Unterstützung.

Christoph Europa 5 steht jeden Tag von sieben Uhr morgens bis zum Sonnenuntergang für Notfalleinsätze und Intensivtransporte bereit. Die Alarmierung erfolgt über die Leitstelle Nordfriesland, die ihrerseits von der Falck-Leitstelle Kolding über Einsätze in Dänemark informiert wird. Auch beim Personal behält man den binationalen Gedanken bei: Die Notärzte kommen sowohl aus Deutschland als auch aus Dänemark. Pilot und Rettungsassistent werden durch die DRF gestellt. Außerdem übernimmt die Deutsche Rettungsflugwacht e.V. die Verwaltung und Abrechnung der Einsätze.

Die Stationierung in Niebüll bietet in Zeiten knapper Kassen nämlich einen wichtigen Zusatznutzen: Nach Schätzungen der DRF werden etwa zwanzig Prozent der Einsätze in Dänemark anfallen und somit auch dort abgerechnet. Eine Kostenoptimierung, die auf lange Sicht dem gesamten Luftrettungssystem in Schleswig-Holstein zu Gute kommen soll. Dr. Olaf Bastian, Landrat des Kreises Nordfriesland, zeigte sich jedenfalls schon beim Start des Projektes von dessen Erfolg überzeugt: „Der Hubschrauber ist ein Musterbeispiel für die funktionierende Zusammenarbeit innerhalb unserer deutsch-dänischen Grenzregion Schleswig/Sønderjylland. Viele Menschen in beiden Ländern werden ganz persönlich davon profitieren."

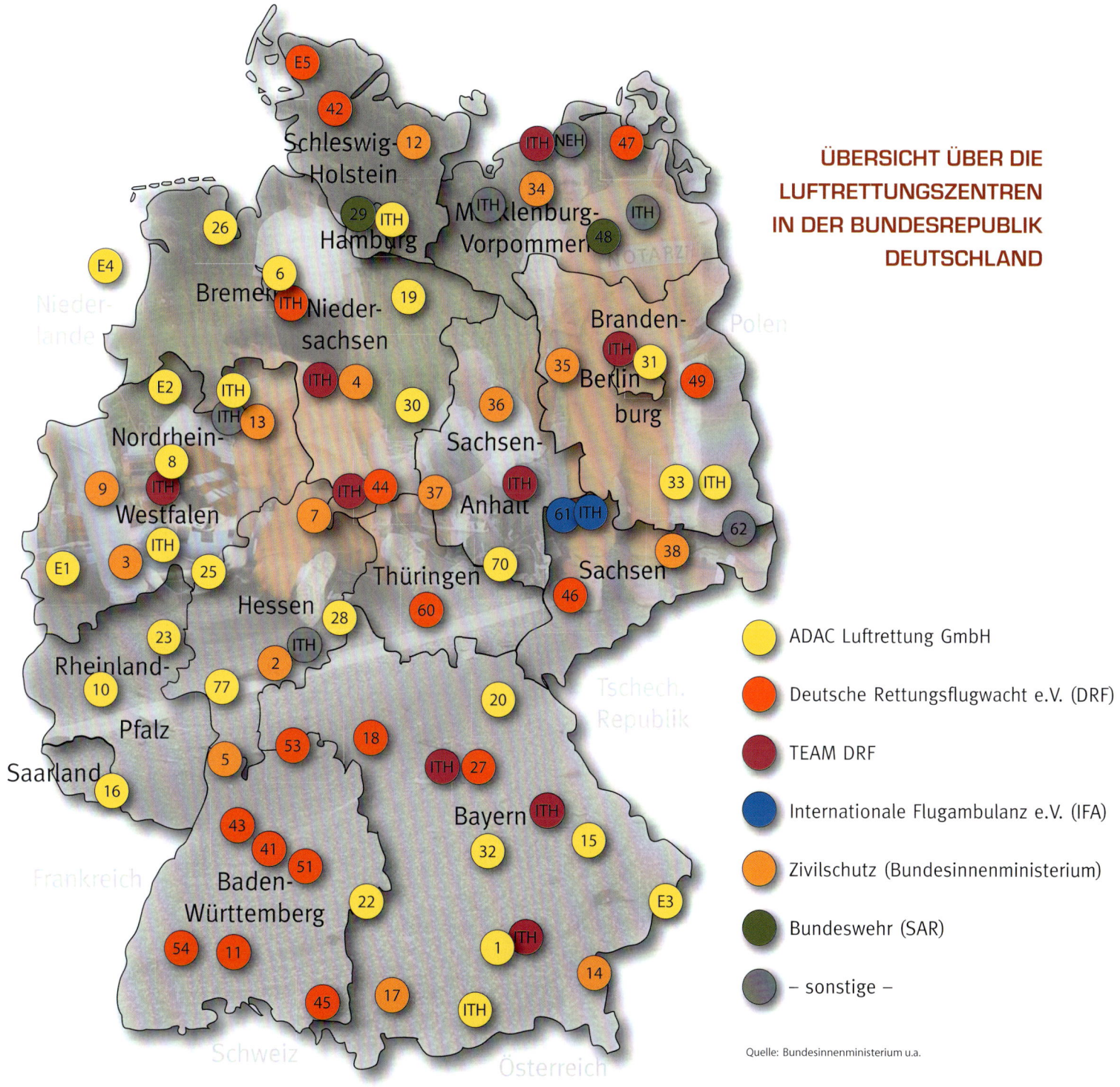

ÜBERSICHT ÜBER DIE LUFTRETTUNGSZENTREN IN DER BUNDESREPUBLIK DEUTSCHLAND

ADAC Luftrettung GmbH

Deutsche Rettungsflugwacht e.V. (DRF)

TEAM DRF

Internationale Flugambulanz e.V. (IFA)

Zivilschutz (Bundesinnenministerium)

Bundeswehr (SAR)

– sonstige –

Quelle: Bundesinnenministerium u.a.

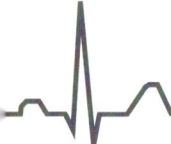

STATISTIK 2003
DER DEUTSCHEN LUFTRETTUNG

Rufname	Standort	Betreiber	Primär-einsätze	Sekun-därein-sätze	Fehlein-sätze	Sonstige	gesamt 2003	gesamt 2002	Veränderung
Christoph 1	München	ADAC	1267	96	255	0	1618	1661	ca. - 2,6% (-43)
Christoph 2	Frankfurt a. M.	BMI	1025	189	145	4	1363	1272	ca. + 7,1% (+91)
Christoph 3	Köln	BMI	976	44	208	21	1249	1382	ca. - 9,6% (-133)
Christoph 4	Hannover	BMI	1412	23	200	1	1636	1538	ca. + 6,4% (+98)
Christoph 5	Ludwigshafen	BMI	1036	84	161	11	1292	1311	ca. - 1,6% (-19)
Christoph 6	Bremen	ADAC	1051	139	109	0	1299	1242	ca. + 4,6% (+57)
Christoph 7	Kassel	BMI	1146	40	66	7	1259	1426	ca. - 11,7% (-167)
Christoph 8	Lünen	BMI	757	184	149	1	1091	1039	ca. + 5% (+52)
Christoph 9	Duisburg	BMI	817	92	239	9	1157	1111	ca. + 4,1% (+46)
Christoph 10	Wittlich	ADAC	1174	52	117	0	1343	1327	ca. + 1,2% (+16)
Christoph 11	VS-Schwennignen	DRF	1125	135	0	0	1260	1134	ca. + 11% (+126)
Christoph 12	Eutin	BMI	928	56	109	1	1094	1083	ca. + 1% (+11)
Christoph 13	Bielefeld	BMI	1000	113	137	0	1250	1237	ca. + 1% (+13)

Rufname	Standort	Betreiber	Primär-einsätze	Sekun-därein-sätze	Fehlein-sätze	Sonstige	gesamt 2003	gesamt 2002	Veränderung
Christoph 14	Traunstein	BMI	1145	93	78	16	1332	1258	ca. + 5,9% (+74)
Christoph 15	Straubing	ADAC	1107	141	102	0	1350	1315	ca. + 2,7% (+35)
Christoph 16	Saarbrücken	ADAC	1148	55	172	0	1375	1309	ca. + 5% (+66)
Christoph 17	Kempten	BMI	1432	90	163	5	1690	1622	ca. + 4,2% (+68)
Christoph 18	Ochsenfurt	DRF	1374	93	0	0	1467	1434	ca. + 2,3% (+33)
Christoph 19	Uelzen	ADAC	861	75	142	0	1078	968	ca. + 11,4% (+110)
Christoph 20	Bayreuth	ADAC	1480	180	122	0	1782	1549	ca. + 15% (+233)
Christoph Europa 1	Aachen / Würselen	ADAC	1612	62	181	0	1855	1926	ca. - 3,7% (-71)
Christoph 22	Ulm	ADAC / Bundeswehr	1120	182	91	0	1393	1163	ca. + 19,8% (+230)
Christoph 23	Koblenz	ADAC	957	61	155	0	1173	1238	ca. - 5,6% (-65)
Christoph Europa 2	Rheine	ADAC	670	194	157	0	1021	1061	ca. - 3,8% (-40)
Christoph 25	Siegen	ADAC	889	169	88	0	1146	1040	ca. + 10,2% (+106)
Christoph 26	Sanderbusch	ADAC	913	285	101	0	1299	1257	ca. + 3,3% (+42)
Christoph 27	Nürnberg	DRF	1581	50	0	0	1631	1814	ca. -10% (-183)

Rufname	Standort	Betreiber	Primär-einsätze	Sekun-däreins-ätze	Fehlein-sätze	Sonstige	gesamt 2003	gesamt 2002	Veränderung
Christoph 28	Fulda	ADAC	1048	56	92	0	1196	1224	ca. - 2,3% (-28)
Christoph 29 (SAR 71)	Hamburg	Bundeswehr	1430	8	371	0	1809	1702	ca. + 6,2% (+107)
Christoph 30	Wolfenbüttel	ADAC	947	26	129	0	1102	1070	ca. + 3% (+32)
Christoph 31	Berlin	ADAC	1679	12	763	0	2454	2176	ca. + 12,8% (+278)
Christoph 32	Ingolstadt	ADAC	864	66	117	0	1047	1077	ca. - 2,8% (-30)
Christoph 33	Senftenberg	ADAC	1175	36	54	0	1265	1216	ca. + 4% (+49)
Christoph 34	Güstrow	BMI	953	67	47	2	1069	847	ca. + 26,2% (+222)
Christoph 35	Brandenburg	BMI	1076	69	36	0	1181	1119	ca. + 5,5% (+62)
Christoph 36	Magdeburg	BMI	682	30	40	0	752	685	ca. + 9,8% (+67)
Christoph 37	Nordhausen	BMI	762	132	45	1	940	936	ca. + 0,4% (+4)
Christoph 38	Dresden	BMI	848	127	0	0	975	991	ca. - 1,6% (-16)
Christoph 41	Leonberg	DRF	1004	86	0	0	1090	927	ca. + 17,6% (+163)
Christoph 42	Rendsburg	DRF	1005	174	0	0	1179	1236	ca. - 4,6% (-57)
Christoph 43	Karlsruhe	DRF	1220	39	0	0	1259	1224	ca. + 2,9% (+35)

Rufname	Standort	Betreiber	Primär-einsätze	Sekun-därein-sätze	Fehlein-sätze	Sonstige	gesamt 2003	gesamt 2002	Veränderung
Christoph 44	Göttingen	DRF	1308	43	0	0	1351	1413	ca. - 4,4% (-62)
Christoph 45	Friedrichshafen	DRF	680	166	0	0	846	915	ca - 7,5% (-69)
Christoph 46	Zwickau	DRF	1040	244	0	0	1284	1282	ca. + 0,2% (+2)
Christoph 47	Greifswald	DRF	961	124	0	0	1085	946	ca. + 14,7% (+139)
Christoph 48 (SAR 93)	Neustrelitz	Bundeswehr	824	78	62	0	964	877	ca. + 10,8% (+87)
Christoph 49	Bad Saarow	DRF	927	235	0	0	1162	1083	ca. + 7,3% (+79)
Christoph 51 (ITH)	Stuttgart	DRF	211	593	0	0	804	691	ca. + 16,4% (+113)
Christoph 52 (ITH)	Itzehoe	DRF	484	410	0	0	894	835	ca. + 7% (+59)
Christoph 53 (ITH)	Mannheim	DRF	241	374	0	0	615	573	ca. + 7,3% (+42)
Christoph 54 (ITH)	Freiburg	DRF	480	541	0	0	1021	951	ca. + 7,4% (+70)
Christoph 60	Suhl	DRF	706	274	0	0	980	942	ca. + 4% (+38)
Christoph 61/ Chr. Leipzig	Leipzig	IFA	979	474	65	0	1518	1799	ca. - 15,6% (-281)
Christoph 62 (RTH / ITH)	Bautzen	ELBE HELI-COPTER	332	517	19	0	868	851	ca. + 2% (+17)

Rufname	Standort	Betreiber	Primär-einsätze	Sekun-därein-sätze	Fehlein-sätze	Sonstige	gesamt 2003	gesamt 2002	Veränderung
Christoph 70	Jena	ADAC	864	235	71	0	1170	1091	ca. + 7,2% (+79)
Christoph 77 (RTH / ITH)	Mainz	ADAC	634	292	105	0	1031	934	ca. + 10,4% (+97)
Akkon Rostock 15-84-01 (ITH)	Rostock	Rotorflug (TEAM DRF)	7	270	0	0	277	241	ca. + 15% (+36)
Christoph Brandenburg (ITH)	Senftenberg	ADAC	213	536	20	0	769	772	ca. - 0,4% (-3)
Christoph Hansa (ITH)	Hamburg	ADAC	889	195	244	0	1328	1267	ca. + 4,8% (+61)
Christoph München (ITH)	München	HDM (TEAM DRF)	223	646	0	0	869	727	ca. + 19,5% (+142)
Christoph Murnau (ITH)	Murnau	ADAC	627	438	75	0	1140	1056	ca. + 8% (+84)
Chr. Niedersachsen (ITH)	Hannover	HSD (TEAM DRF)	140	489	0	0	629	643	ca. - 2,2% (-14)
Christoph Nürnberg (ITH)	Nürnberg	HDM (TEAM DRF)	217	537	0	0	754	681	ca. + 10,7% (+73)
Christoph Regensburg (ITH / RTH)	Regensburg	HDM (TEAM DRF)	500	380	0	0	880	834	ca. + 5,5% (+46)
Christoph Reichelsheim	Reichelsheim	Heli-Flight	Daten nicht verfügbar				475	keine Referenzzahlen vorhanden	

Rufname	Standort	Betreiber	Primär-einsätze	Sekun-därein-sätze	Fehlein-sätze	Sonstige	gesamt 2003	gesamt 2002	Veränderung
Christoph Rhein-land (ITH)	Köln	ADAC	54	192	11	0	257	210	ca. + 22,4% (+47)
Chr. Sachsen-Anhalt (ITH)	Halle	HSD (TEAM DRF)	51	1015	0	0	1066	983	ca. + 8,4% (+83)
Christoph Thü-ringen (ITH)	Bad Berka	HDM (TEAM DRF)	100	637	0	0	737	677	ca. + 8,9% (+60)
Christoph West-falen (ITH)	Münster (Greven)	ADAC	99	344	20	0	463	420	ca. + 10,2% (+43)
Florian Bielefeld 1-84-01 (ITH)	Bielefeld	Teuto Air	0	189	2	0	191	203	ca. - 5,9% (-12)
Florian Unna 10-84-1 (ITH)	Dortmund	HSD (TEAM DRF)	44	275	0	0	319	298	ca. + 7% (+21)
ITH Berlin	Berlin	HDM (TEAM DRF)	122	627	0	0	749	765	ca. - 2,1% (-16)
RK Göttingen 30-2 (ITH)	Harste	HSD (TEAM DRF)	15	90	0	0	105	150	ca. - 30% (-45)
RK N'sachsen 85-81 (ITH)	Bremen	DRF	251	220	0	0	471	463	ca. + 1,7% (+8)
NEH Kessin	Kessin	Heli-Flight / Millich	Daten nicht verfügbar				1147	keine Referenzzahlen vor-handen	

GESAMTZAHLEN DEUTSCHLAND

Betreiber	Sitz		Primär-einsätze	Sekun-därein-sätze	Fehlein-sätze	Sonstige	gesamt 2003	gesamt 2002	Veränderung
ADAC Luftret-tung GmbH	München	nur Deutschland	23149	4084	3476	0	30709	28406	ca. + 8,1% (+2303)
BMI	Berlin		15995	1433	1823	79	19330	18857	ca. + 2,5% (+473)
Bundeswehr	Münster	nur Rettungs-zentren	2447	121	450	0	3018	3743	ca. - 19,4% (-725)
ELBE HELICOPTER	Bautzen		332	517	19	0	868	851	ca. + 2% (+17)
Heli-Flight	Reichelsheim		Daten nicht verfügbar				1622	keine Referenzzahlen vor-handen	
IFA	Leipzig		979	474	65	0	1518	1799	ca. - 15,6% (-281)
TEAM DRF	Filderstadt	nur Deutschland	16017	8956	2	0	24784	24065	ca. + 3,9% (+922)
– davon DRF			14598	3801	0	0	18399	17863	ca. + 3% (+536)
– davon HDM			1162	2827	0	0	3989	3684	ca. + 8,3% (+305)

– davon HSD			250	1869	0	0	2119	2074	ca. + 2,2% (+45)
– davon Rotorflug			7	270	0	0	277	241	ca. + 15% (+36)
Teuto Air	Bielefeld		0	189	2	0	191	203	ca. - 5,9% (-12)
Deutschland gesamt:							**82040**		

AUSLAND

Rufname	Standort	Betreiber	Primär-einsätze	Sekun-därein-sätze	Fehlein-sätze	Sonstige	gesamt 2003	gesamt 2002	Veränderung
Christophorus Europa 3	Suben (A)	ADAC / ÖAMTC	896	127	116	0	1139	332	ca. + 243% (+807)
Lifeliner Europa 4	Groningen (NL)	AZG / ADAC / MAA	40	0	35	0	75	keine Referenzzahlen vorhanden	
RK 1	Fresach (A)	ARA (TEAM DRF)	405	104	0	0	509	518	ca. - 1,7% (-9)
RK 2	Reutte (A)	ARA (TEAM DRF)	489	59	0	0	548	241	ca. + 127,4% (+307)

DIE AUTOREN VON WWW.COPTERWEB.DE
MERKEN ZU DEN VORSTEHEND VERÖFFENTLICHTEN DATEN FOLGENDES AN:

Die hier publizierten Daten wurden von uns bestmöglich recherchiert. Dennoch sind alle Angaben ohne Gewähr. Mitunter stießen wir bei unseren Recherchen auf große Differenzen bei den angegebenen Einsatzzahlen. Dies liegt u.a. an unterschiedlichen Erfassungs- methoden, -systemen sowie -kriterien und ist somit leider nicht vermeidbar. Bitte beachten Sie in dieser Hinsicht auch die unten stehenden Erläuterungen!

Christoph 9: Seit dem 01.10.2003 ist der RTH im Rahmen eines EUREGIO-Projektes in Alarmpläne der Niederlande eingebunden

Christoph 38: Die DRF ist als Betreiberin des Luftrettungszentrums für die Finanzierung, die medizinische Leistung und die Einsatz- abrechnung verantwortlich. Aus diesem Grund werden die von ihr veröffentlichten Daten angegeben. Fehleinsätze sind hierbei nicht gesondert aufgeschlüsselt, sondern unter „Primäreinsätze" / „Sekundäreinsätze" verrechnet! In Dresden wird ein Zivilschutz-Hub- schrauber des Bundesministerium des Innern eingesetzt.

Christoph 61 / Christoph Leipzig (ITH): Bei den angegebenen Zahlen handelt es sich jeweils um die Summe der von beiden Hub- schraubern geflogenen Einsätze. Genauer aufgeschlüsselte Daten waren nicht verfügbar.

Christoph 62: Bergetaueinsätze (2002) wegen Hochwasser nur bis 13.08.2002

Christoph Rheinland: Einsatzbereitschaft Mo. – Fr., 8 Uhr bis Sonnenuntergang

Christophorus Europa 3: Einsatzzahlen in 2002 ab dem 23.07.2002 (Tag der Indienststellung)

RK 2: Am Standort steht zusätzlich ein NEF zur Verfügung, mit dem die med. Besatzung bei schlechtem Wetter und während den Nachtstunden ausrücken kann. So durchgeführte Einsätze sind in der Statistik nicht berücksichtigt.

(TEAM) DRF Standorte: Fehleinsätze nicht gesondert aufgeschlüsselt, sondern unter „Primäreinsätze"/„Sekundäreinsätze" verrechnet!

Zahlen der ZSH: Quelle BMI / BGS; Anzahl der geflogenen Einsätze – Ausnahme: Christoph 38 (siehe oben)

SAR-Standorte: Die Angaben für 2003 basieren auf den von der ADAC Luftrettung GmbH veröffentlichten. Es handelt sich nicht um die offiziellen Daten der Bundeswehr!

Gesamtzahlen Deutschland: In die Berechnung flossen nur die Zahlen der in Deutschland stationierten Hubschrauber ein. Im Ausland unterhaltene Luftrettungszentren oder eventuell durchgeführte Verlegungsflüge mit Flächenflugzeugen u.ä. fanden keine Berücksichti- gung. Abweichungen zu den durch die Betreiber publizierten Angaben sind daher möglich.

Information des Verlages:
Speziell aufgeschlüsselte Zahlen wie Winden-, Nacht- oder Auslandseinsätze wurden für diese Publikation nicht übernommen.

10 GOLDENE REGELN FÜR DEN UMGANG MIT RETTUNGSHUBSCHRAUBERN

1. Gemähtes Gras und lockerer Schnee werden bei der Landung des Hubschraubers hochgewirbelt, beeinträchtigen die Sicht und können die Sicherheit des Hubschraubers gefährden!

2. Vor der Landung herumliegende lose Gegenstände entfernen. Keine Tücher oder sonstige Zeichen auslegen!

3. Annäherung an den Hubschrauber nur von vorne mit Blickkontakt zum Piloten (sitzt auf dem rechten Sitz). Nicht laufen! Keine Gegenstände über den Kopf halten!

4. Niemals von hinten an den Hubschrauber herangehen! Der schnell drehende Heckrotor ist kaum zu sehen!

5. Wer auf die andere Seite will: Immer vorne um den Hubschrauber herumgehen!

6. Im schrägen Gelände auf unterschiedlichen Abstand des Rotors vom Boden achten! Immer von der Talseite her an den Hubschrauber herangehen!

7. Lose Bekleidungsstücke wie Mützen und Schals sowie Brillen bei Annäherung an den Hubschrauber festhalten!

8. Für Rettungsdienste und andere Fahrzeuge gilt: Nicht bis an den Hubschrauber heranfahren! Gefahrenbereiche beachten!

9. Bei laufenden Rotor begrenzt das Heckleitwerk den Arbeitsbereich beim Be- und Entladen. Hinter dem Heckleitwerk besteht Lebensgefahr!

10. Rauchverbot und kein offenes Feuer in der Nähe des Hubschraubers!

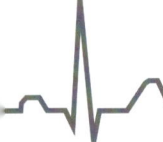

DANKSAGUNG

Angesichts der großen Fülle dieses Bildbandes ist es kein Geheimnis, dass so etwas nur durch die intensive Unterstützung zahlreicher Personen und Institutionen realisiert werden kann. Viele Menschen haben mich beraten, informiert, Kontakte geknüpft und ermutigt. Besonders danke ich Herrn Stephan Dönitz, der einige Textpassagen als Co-Autor übernommen und mir den Weg zu hervorragenden Fotografen, wie Herrn Phillip Bockshammer und Herrn Harald Rieger, geebnet hat, ohne deren eindrucksvolle Bilder ein solches Buch nicht denkbar gewesen wäre. Dank an Herrn Edgar Lang vom Christoph 2, der sich spontan bereit erklärt hat, zahlreiches Fotomaterial zur Verfügung zu stellen, sowie Herrn Björn Heumann, der mit der Kamera durchs Land zog um weiteres Material beizusteuern. Unterstützung erfuhr ich gleich in mehrfacher Hinsicht auch durch die Deutsche Rettungsflugwacht e.V., der ich speziell für die Fotofreigabe sehr danke. Herrn Werner Wolfsfellner vom Wolfsfellner Medizin Verlag aus München danke ich für die Beisteuerung von Literatur, Grafiken und Informationen sowie Herrn Daniel Redmer für die sorgfältig aufbereitete Einsatzstatistik. Vielen Dank auch an Herrn Thomas Münsterer, Geschäftsführer des TEAM DRF-Partners HDM aus Nürnberg, für das angenehme Gespräch und für Firmenbildmaterial. Ganz besonders bedanken möchte ich mich bei Herrn Sebastian Drolshagen für das Lektorat und bei Herrn Ulrich Wulff von der Wulff GmbH – Druck & Verlag, der diese Publikation als Verleger betreut.

Persönlich nutze ich diese Gelegenheit, um mich bei Martin Kolöchter für die nun mehr als zwei Jahrzehnte anhaltende Freundschaft und bei Gabriele Lorz für die lange Zeit zu bedanken. Beide haben es nicht immer leicht mir. Danke auch an Petra und meine Tochter Sonja. Abschließend möchte ich auch denjenigen Freunden und Bekannten danken, die nicht namentlich erwähnt wurden und dennoch Informationen und Bilder beisteuerten.

Peter Schroeter

Die Fotografen

Phillip Bockshammer, Stephan Dönitz, DRF – Deutsche Rettungsflugwacht e.V., HDM Flugbetriebs GmbH, Maike Gloeckner, Björn Heumann, Internationale Flugambulanz IFA e.V., Edgar Lang, Daniel Redmer, Harald Rieger, Peter Schroeter, Sabine Winkle u.v.a.

Statistik 2003 der deutschen Luftrettung

Die Übernahme erfolgte mit freundlicher Genehmigung von www.copterweb.de (Daniel Redmer). Alle Angaben ohne Gewähr.